建设工程质量检测见证取样管理与实务

（第2版）

主　编　许　洁　刘凤莲
副主编　周均增　杜　沛　韩红星　严晓新
主　审　李宗明

黄河水利出版社
·郑州·

内 容 提 要

本书从见证取样员应该掌握的知识出发，介绍了建筑工程质量检测现场取样的范围与程序、相关法律法规，重点介绍了气硬性胶凝材料、水泥、集料、混凝土外加剂、混凝土、建筑砂浆、砌墙砖、砌块、防水材料等材料的的基本知识及常用检测方式、方法，以及土工试验和建筑节能监测等内容。

本书既可作为见证取样员考核的培训教材，也可作为相关工程技术人员、管理人员的培训教材及参考用书。

图书在版编目(CIP)数据

建设工程质量检测见证取样管理实务/许洁，刘凤莲主编；建筑与市政工程施工现场专业人员职业标准培训教材编委会编. —2 版 . —郑州：黄河水利出版社，2018. 2

建筑与市政工程施工现场专业人员职业培训教材

ISBN 978 - 7 - 5509 - 1972 - 3

Ⅰ. ① 建…　Ⅱ. ①刘…②建…　Ⅲ. ① 建设工程 - 工程质量 - 质量管理 - 职业培训 - 教材　Ⅳ. ①TU712

中国版本图书馆 CIP 数据核字(2018)第 036236 号

出 版 社：黄河水利出版社

地址：河南省郑州市顺河路黄委会综合楼 14 层　　邮政编码：450003

发行单位：黄河水利出版社

发行部电话：0371-66026940、66020550、66028024、66022620(传真)

E-mail：hhslcbs@126. com

承印单位：河南承创印务有限公司

开本：787 mm×1 092 mm　1/16

印张：12. 5

字数：304 千字　　　　印数：1—3 000

版次：2018 年 2 月第 1 版　　　　印次：2018 年 2 月第 1 次印刷

定价：45. 00 元

建筑与市政工程施工现场专业人员职业标准培训教材
编审委员会

前　言

随着我国建设工程领域各项法律、法规的不断完善与工程质量意识的普遍提高,作为其中一个不可或缺的组成部分,建设工程质量检测受到了全社会日益广泛的关注。

《建设工程质量检测管理办法》(建设部第141号令)的颁布实施,为规范建设工程质量检测行为提供了法律依据;对工程质量检测人员的技术素质提出了明确要求。

本教材是在原《建设工程质量检测技术指南——见证取样》基础上修订改编而成,系统地阐述了建设工程所使用的各种原材料、半成品、构配件及工程实体的检测要求、注意事项等。教材的编写以上述规范性文件为基本框架,依据相应的检测标准、规范、规程及相关的施工质量验收规范等,结合检测行业的特点,力求使读者通过本教材的学习,提高对工程质量检测特殊性的认识,掌握工程质量检测的基本理论、基本知识和基本方法。

本套教材以实用为原则,它既是工程质量检测人员的培训教材,也是建设、监理单位的工程质量见证人员、施工单位的技术人员和现场取样人员的工具书,为见证取样及商品混凝土实验室检测人员提供技术指导。

本书由许洁、刘凤莲担任主编,由周均增、杜沛、韩红星、严晓新担任副主编,赵文利参编,全书由李宗明教授级高级工程师统稿并审阅。编写任务分工为:许洁编写第一章、第三章和第四章,刘凤莲编写第二章、第五章,周均增编写第八章和第九章,杜沛编写第七章,韩红星编写第六、第十二章和第十三章,严晓新编写第十章,赵文利编写第十一章。本套教材在编写过程中得到了广大同仁的支持,在此一并表示衷心的感谢。

限于作者水平,书中不妥和错漏之处在所难免,恳请读者批评指正。

编　者

2017 年 10 月

目　录

第一章　概　述

工程质量检测是建设工程质量控制的重要手段，是工程建设过程的重要环节，而在工程质量检测活动中，检测样品的抽取是工程质量检测的首要步骤，检测用试样的真实性和代表性，直接影响到检测结果及最终的判定结论。

为保证检测试样的真实性和代表性，避免因试样失真或缺乏代表性而对工程质量做出错误判断，建设部于2000年颁布了《房屋建筑工程和市政基础设施工程实行见证取样和送检的规定》[建建(2000)211号]文件，首次提出工程质量检测实行见证取样和送样制度，要求工程质量检测应在建设单位或监理单位有一定资格的见证人员的见证下，对进入施工现场的建筑材料，由施工单位的取样人员在现场取样或制作试样，并送到有资质的检测机构进行检测，见证人员和取样人员对试样的真实性和代表性负责。在建设部此后相继颁发的相关文件或国家有关规范中，都体现出了对执行工程质量检测见证取样送检制度的高度重视。

见证取样送检制度对规范工程质量检测取样送检工作，保证检测样品的真实，对改进检测机构检测报告“仅对来样负责”的弊端和缺陷，真正确保建设工程质量，具有重要意义和指导作用。

第一节　建设工程质量检测见证取样的范围和程序

一、见证取样的范围

《房屋建筑工程和市政基础设施工程实行见证取样和送检的规定》[建建(2000)211号]明确：涉及结构安全的试块、试件和材料见证取样和送检的比例不得低于有关技术标准中规定的取样数量的30%。下列试块、试件和材料必须实施见证取样和送检：

(1)用于承重结构的混凝土试块；

(2)用于承重墙体的砌筑砂浆试块；

(3)用于承重结构的钢筋及连接接头试件；

(4)用于承重墙的砖和混凝土小型砌块；

(5)用于拌制混凝土和砌筑砂浆的水泥；

(6)用于承重结构的混凝土中使用的掺加剂；

(7)地下、屋面、厕浴间使用的防水材料；

(8)国家规定必须实行见证取样和送检的其他试块、试件和材料。

在见证取样制度的实施过程中，也有部分地区对见证取样的范围进行了拓展，如江苏、上海等地将见证取样范围拓展到对全部工程材料的送检和涉及工程结构安全及使用功能的现场抽样或现场检测。

二、见证取样的程序和要求

工程建设单位或监理单位应配备足够的见证人员,负责工程现场的取样及送检,现场混凝土试块和砂浆试块的制作及养护、现场抽测的见证工作。通常情况下,见证取样送检的一般程序和要求是:

(1)在工程开工前,建设单位或该工程监理单位应向施工单位,所委托的工程质量监督部门和工程检测单位递交“见证单位和见证人员授权书”。授权书应写明见证人员单位、姓名、见证员号等基本信息,通常每一个工程项目的见证人员不得少于2人。因特殊情况需变更见证人时,建设单位应及时书面告知所委托的工程质量监督部门。

(2)见证人员应旁站见证取样人员取样送检的全过程,督促取样人员按有关技术标准(规范)的规定,从施工现场的检测对象中抽取、制作试样,采取有效措施保护好样品,并送至检测机构。

(3)见证人员应对所见证的取样及送检、现场试块的制作及养护、现场抽测等做好见证记录,并分类建立台账,相关记录应归入施工技术档案。

(4)委托送检时,见证人员应出示《见证人员证书》,对所见证的取样,应在检测机构的检测委托单上签字。对检测机构到施工现场的抽样或者现场检测,见证人员应在检测机构现场抽样记录或现场检测原始记录上签字。

(5)检测机构收取样品时应认真核对见证人员资格,对见证取样送检的有效性进行确认。对有效的见证取样送检,检测机构应在相应的检测报告上注明见证人单位、姓名或见证人员编号,加盖“有见证检测专用章”。未经有效见证的,检测机构不得出具“有见证检测专用章”的检测报告。发生试样不合格情况,检测机构应在24小时内报送工程质量监督站,并建立不合格项目台账。

当检测不合格按有关规定允许加倍取样复试时,加倍取样送检也应按本规定实施。

各地区一般都制定有相应的程序和要求,见证取样工作尚应符合工程所在地的见证取样程序和要求。

第二节　见证人员的基本条件和主要职责

一、见证人员的基本条件

(1)见证人员应是工程建设单位或监理单位常驻工程现场的技术人员。

(2)具有承担见证取样职能相关的专业知识和技能。

(3)具有建设单位或监理单位法人的见证人员书面授权委托书。

(4)经考核合格取得建设工程质量检测见证人员相应证书。

二、见证人员的主要职责

(1)抽取检测样品时,见证人员必须在现场见证抽取样品全过程,督促并确保检测样品从施工现场抽取,且按标准规范的要求制作。

(2)与取样人员一起对所抽取的样品进行标识,并采取有效的封样措施或进行监护。

(3)对样品的送样和委托检测进行见证,委托检测时出示见证人员证书并在检测委托协议单上签名。对委托检测机构在施工现场进行的检测进行见证时,应出示见证人员证书,在检测机构检测原始记录或检测抽样单上签名。

(4)见证、检查现场混凝土试块和砂浆试块的制作及养护。督促建设单位按要求配置、建设标准养护设施,确保现场制作的试块有满足规范要求的养护环境条件。

(5)作好检测见证记录,并将见证记录归入工程技术档案。

(6)见证人员对试样的代表性和真实性负有法定责任。

各地区有其他见证人员条件要求和职责规定的,也应遵从其相应的要求。

第三节　建设工程质量检测的相关规定

一、工程质量检测机构资质管理规定

国务院建设主管部门负责对全国质量检测活动实施监督管理,并负责制定检测机构资质标准。省、自治区、直辖市人民政府建设主管部门负责对本行政区域内的质量检测活动实施监督管理,并负责检测机构资质的审批。市、县人民政府建设主管部门负责对本行政区域内的质量检测活动实施监督管理。

根据中华人民共和国建设部令第141号《建设工程质量检测管理办法》,建设工程质量检测机构资质按其承担的检测业务内容分为专项检测机构资质和见证取样检测机构资质。资质分类及对应业务内容如下:

(一)专项检测

1. 地基基础工程检测

(1)地基及复合地基承载力静载检测;

(2)桩的承载力检测;

(3)桩身完整性检测;

(4)锚杆锁定力检测。

2. 主体结构工程现场检测

(1)混凝土、砂浆、砌体强度现场检测;

(2)钢筋保护层厚度检测;

(3)混凝土预制构件结构性能检测;

(4)后置埋件的力学性能检测。

3. 建筑幕墙工程检测

(1)建筑幕墙的气密性、水密性、风压变形性能、层间变位性能检测;

(2)硅酮结构胶相容性检测。

4. 钢结构工程检测

(1)钢结构焊接质量无损检测;

(2)钢结构防腐及防火涂装检测;

(3)钢结构节点、机械连接用紧固标准件及高强度螺栓力学性能检测;

(4)钢网架结构的变形检测。

（二）见证取样检测

（1）水泥物理力学性能检验；

（2）钢筋（含焊接与机械连接）力学性能检验；

（3）砂、石常规检验；

（4）混凝土、砂浆强度检验；

（5）简易土工试验；

（6）混凝土掺加剂检验；

（7）预应力钢绞线、锚夹具检验；

（8）沥青、沥青混合料检验。

除此以外，一些地区将建筑节能、环境检测等检测项目类别也纳入了资质管理范畴，实际工作中各地区也应具体参照当地资质项目类别的设置。

二、工程质量检测机构选择原则

检测机构从事《建设工程质量检测管理办法》中规定的质量检测业务时，检测业务内容应当取得相应的资质证书和计量认证证书。具体选择时，可以通过核查证书附件所列的检测项目参数及其限制范围或说明来进行判断和选择。

检测机构从事《建设工程质量检测管理办法》规定以外的质量检测业务时，检测业务内容应当取得相应的计量认证证书。

检测机构不得与所检测工程项目相关的设计单位、施工单位、监理单位有隶属关系或其他利害关系。

三、工程质量检测活动相关规定

根据《建设工程质量检测管理办法》，建设工程质量检测活动应遵守下列相关规定：

（1）工程质量检测业务应由工程项目建设单位委托给具有相应资质的检测机构进行检测，并应与被委托的检测机构签订书面合同。建设单位不得将应当由一个检测机构完成的检测业务（不含专项检测）肢解成若干部分委托给几个检测机构。

（2）检测机构跨省、自治区、直辖市承担检测业务时，应当向工程所在地的省、自治区、直辖市人民政府建设主管部门备案。

（3）检测机构不得转包检测业务，不得涂改、倒卖、出租、出借或者以其他形式非法转让资质证书。

（4）任何单位和个人不得明示或者暗示检测机构出具虚假检测报告，不得篡改或者伪造检测报告。

（5）质量检测试样的取样应当严格执行有关工程建设标准和国家有关规定，在建设单位或者工程监理单位监督下现场取样。提供质量检测试样的单位和个人，应当对试样的真实性负责。

（6）检测机构完成检测业务后，应当及时出具检测报告。检测报告经检测人员签字、检测机构法定代表人或者其授权签字人签署，并加盖检测机构公章或者检测专用章后方可生效。检测报告经建设单位或者监理单位确认后，由施工单位归档。见证取样检测报告中应当注明见证人单位及姓名。

(7)检测机构应当对其检测数据和检测报告的真实性和准确性负责。

(8)检测机构应当将检测过程中发现的建设单位、监理单位、施工单位违反有关法律、法规和工程建设强制性标准的情况,以及涉及结构安全检测结果的不合格情况,及时报告工程所在地建设主管部门。

(9)检测机构和检测人员不得推荐或者监制建筑材料、构配件和设备。

(10)检测人员不得同时受聘于两个或者两个以上的检测机构。

(11)检测机构不得与行政机关,法律、法规授权的具有管理公共事务职能的组织以及所检测工程项目相关的设计单位、施工单位有隶属关系或者其他利害关系。

(12)检测结果利害关系人对检测结果发生争议的,由双方共同认可的检测机构复检,复检结果由提出复检方报送当地建设主管部门备案。

四、建设工程质量控制的进场复验方案

建设工程采用的主要材料、半成品、成品、建筑构配件、器具和设备应进行进场检验。凡涉及安全、节能、环境保护和主要使用功能的重要材料、产品,应按各专业工程施工规范、验收规范和设计文件等规定进行复验,并应经监理工程师检查认可。依据此原则,本书对各章节的复验项目、验收批次、判定规则等进行介绍时,优先以各专业验收规范为依据。对规范或标准中未明确规定复验项目的,参照现行实际做法在技术要求中提出了常规进场复验项目的建议,供读者参考。对规范或标准中未明确规定复验验收批数量的,建议以同一生产厂家的同品种、同规格、同出厂批次的材料、半成品、成品、建筑构配件、器具和设备作为一个验收批进行复验。

根据《建筑工程施工质量验收统一标准》(GB 50300—2013)相关规定,建筑工程符合下列条件之一时,可按相关专业验收规范的规定适当调整抽样复验、试验数量,调整后的抽样复验、试验方案应由施工单位编制,并报监理单位审核确认:

(1)同一项目中由相同施工单位施工的多个单位工程、使用同一生产厂家的同品种、同规格、同批次的材料、构配件、设备;

(2)同一施工单位在现场加工的成品、半成品、构配件用于同项目中的多个单位工程:

(3)在同一项目中,针对同一抽样对象已有检验成果可以重复利用。

第四节　委托送检应提供的基本信息

工程质量检测业务应由工程项目建设单位委托给具有相应资质的检测机构进行检测。建设单位应与被委托的检测机构签订书面合同,其内容包括委托检测的内容、执行的标准、义务、责任以及争议仲裁等内容。合同签订应遵守《中华人民共和国合同法》以及其他有关法律法规的规定,本着平等、自愿、公平和诚实信用的原则,针对工程质量检测相关事项协商签订。

在每次送检样品或委托进行现场检测时,委托者尚需针对本次委托的具体检测项目填写委托单,委托单是工程质量检测合同的附属合同或某一单项检测委托的独立合同。委托单的填写应保证内容完整,信息真实、准确、充足,以便检测方能正确理解委托要求并圆满完成委托检测任务。故委托前委托者一般应掌握并提供以下信息:

(1)委托方的信息。如委托方的全称、地址、联系人、联系方式等。

(2)工程及参建各方信息。如工程质量监督注册号、工程名称(标段)、工程地址以及建设单位、监理单位、施工单位、设计单位、勘察单位、见证单位名称等。

(3)检测对象的信息。如检测样品的名称、型号、规格、等级、生产厂家、产品标准、代表数量、工程使用部位、样品数量等,或现场委托检测对象的实体构件名称(部位)、材料(构件)技术参数要求、生产厂家、成型(安装)日期等。

(4)委托检测的要求。如要求检测的项目、抽样规则、检测及判定的依据(标准、规范、设计文件要求)等。

(5)其他必要的说明。

第二章　气硬性胶凝材料

建筑上将能使砂、石子、砖、石块、砌块等散粒或块状材料黏结为一整体的材料，统称为胶凝材料。胶凝材料品种繁多，按化学成分可分为有机与无机两大类，按硬化条件可分为气硬性与水硬性胶凝材料两类。本章介绍常用的无机胶凝材料中的气硬性胶凝材料。这类材料只能在空气中凝结硬化，并在空气中保持或发展其强度。

第一节　石　灰

一、分类

按现有规格，建筑石灰有以下三种方法。

（一）根据成品加工方法不同划分

（1）建筑生石灰：由原料在低于烧结温度下煅烧而得到的块状白色原成品。

（2）建筑生石灰粉：以建筑生石灰为原料，经研磨所制得的生石灰粉。

（3）建筑消石灰粉：以建筑生石灰为原料，经水化和加工所制得的消石灰粉。

（二）按化学成分划分

（1）镁质石灰：生石灰氧化镁含量大于5%；消石灰粉氧化镁含量大于4%且小于24%。氧化镁含量在24%～30%的称为白云石消石灰粉。

（2）钙质石灰：生石灰氧化镁含量不超过5%；消石灰粉氧化镁含量不超过4%。

（三）按熟化速度划分

（1）快熟石灰：熟化速度在10 min以内。

（2）中熟石灰：熟化速度在10～30 min。

（3）慢熟石灰：熟化速度在30 min以上。

二、主要技术指标

建筑用石灰按质量可分为优等品、一等品、合格品三等，具体指标应满足表2-1～表2-3的要求。

三、石灰检验方法

（一）取样

1. 建筑生石灰

建筑生石灰由生产厂的质检部门按批量进行出厂检验，受检批量根据日产量应满足下列要求：日产量在200 t以上的每批量不大于200 t，日产量不足200 t的每批量不大于100 t，日产量不足100 t的每批量不大于日产量。

表 2-1　建筑生石灰的技术指标

项目	钙质生石灰粉			镁质生石灰粉		
	优等品	一等品	合格品	优等品	一等品	合格品
GaO + MgO 含量(%),不小于	90	85	80	85	80	75
未消化残渣含量(5 mm 圆孔筛的筛余)(%),不大于	5	10	15	5	10	15
CO_2 含量(%),不大于	5	7	9	6	8	10
产浆量(L/kg),不小于	2.8	2.3	2.0	2.8	2.3	2.0

表 2-2　建筑生石灰粉的技术指标

项目		钙质生石灰粉			镁质生石灰粉		
		优等品	一等品	合格品	优等品	一等品	合格品
GaO + MgO 含量(%),不小于		85	80	75	80	75	70
CO_2 含量(%),不大于		7	9	11	8	10	12
细度	0.9 mm 筛的筛余(%),不大于	0.2	0.5	1.5	0.2	0.5	1.5
	0.125 mm 筛的筛余(%),不大于	7.0	12.0	12.0	7.0	12.0	18.0

表 2-3　建筑消石灰粉的技术指标

项目		钙质消石灰粉			镁质消石灰粉			白云石消石灰粉		
		优等品	一等品	合格品	优等品	一等品	合格品	优等品	一等品	合格品
CaO + MgO 含量(%),不小于		70	65	60	65	60	55	65	60	55
游离水(%)		0.4~2	0.4~2	0.4~2	0.4~2	0.4~2	0.4~2	0.4~2	0.4~2	0.4~2
体积安定性		合格	合格	—	合格	合格	—	合格	合格	—
细度	0.9 mm 筛的筛余(%),不大于	0	0	0.5	0	0	0.5	0	0	0.5
	0.125 mm 筛的筛余(%),不大于	3	10	15	3	10	15	3	10	15

取样应从整批物料的不同部位选取,取样点不少于 25 个,每个点的取样数量不少于 2 kg,缩分至 4 kg 装入密封容器内。

2. 建筑生石灰粉

对散装的生石灰粉应随机取样或使用自动取样品器取样;对袋装生石灰粉应从本批产品中随机抽取 10 袋,样品总量不少于 3 kg。

试样在采集过程中应储存于密封容器中,在采样结束后立即用四分法将试样缩分至 300 g,装于磨口广口瓶中。

3. 建筑消石灰粉

建筑消石灰粉由生产厂家的质量检验部门按批量进行出厂检验,检验批量按生产规模划分,100 t 为一批量,小于 100 t 仍作一批量。

从每一批量的产品中抽取 10 袋样品,从每袋不同位置抽取 100 g 样品,总数量不少于

1 kg,混合均匀,用四分法缩取,最后取 250 g 样品。

(二)细度

1. 目的及适用范围

本方法的目的是检验石灰粉颗粒的粗细程度,本方法适用于建筑生石灰粉、消石灰粉细度检验,其他用途石灰亦可参照使用。

2. 采用标准

本办法采用的标准为《建筑石灰试验方法物理试验方法》(JC/T 478.1—92)。

3. 仪器设备

(1)试验筛:0.900 mm、0.125 mm 方孔筛一套。

(2)羊毛刷:4 号。

(3)天平:称量为 100 g,分度值 0.1 g。

4. 试验步骤

称取试样 50 g,倒入 0.9 mm、0.125 mm 方孔筛内进行筛分,筛分时一只手握住试验筛,并用手轻轻敲打,在有规律的间隔中,水平旋转试验筛,并在固定的基座上轻敲试验筛,用羊毛刷轻轻地从筛上面刷,直至 2 min 内通过量小于 0.1 g。分别称量筛余物质量 m_1、m_2。

5. 结果计算

筛余百分含量 X_1、X_2 按式(2-1)和式(2-2)计算。

$$X_1 = \frac{m_1}{m} \times 100\% \tag{2-1}$$

$$X_2 = \frac{m_1 + m_2}{m} \times 100\% \tag{2-2}$$

式中 X_1——0.9 mm 方孔筛筛余百分含量(%);

X_2——0.125 mm、0.9 mm 方孔筛两筛上的总筛余百分含量(%);

m_1——0.9 mm 方孔筛筛余物质量,g;

m_2——0.125 mm 方孔筛筛余物质量,g;

m——样品质量,g。

计算结果保留小数点后两位。

(三)生石灰消化速度

1. 目的及适用范围

通过测定消化速度判别石灰的熟化性能,本方法适用于建筑生石灰、生石灰粉,其他用途石灰亦可参照使用。

2. 采用标准

本办法采用的标准为《建筑石灰试验方法物理试验方法》(JC/T 478.1—92)。

3. 仪器设备

(1)保温瓶:瓶胆全长 162 mm;瓶身直径 61 mm;口内径 28 mm;容量 200 mL;上盖白色橡胶塞,在塞中心钻孔插温度计。

(2)长尾水银温度计:量程 150 ℃。

(3)秒表。

(4)天平:称量 100 g,分度值 0.1 g。

(5)玻璃量筒:50 mL。

4. 试样制备

(1)将生石灰试样约300 g,全部粉碎通过5 mm圆孔筛,取50 g,在瓷钵体内研细至全部通过0.9 mm方孔筛,混匀装入磨口瓶内备用。

(2)将生石灰粉试样混匀,四分法缩取50 g,装入磨口瓶内备用。

5. 试验步骤

(1)检查保温瓶上盖及温度计装置,温度计下端应保证能插入试样中间。

(2)在保温瓶中加入(20±1)℃蒸馏水20 mL;称取试样10 g,精确至0.2 g,倒入保温瓶的水中,立即启动秒表,同时盖上盖,轻轻摇动保温瓶数次,自试样倒入水中时算起,每隔30 s读一次温度,临近终点仔细观察,记录达到最高温度及温度开始下降的时间,以达到最高温度所需的时间为消化速度(以min计)。

6. 结果计算

以两次测定结果的算术平均值为结果,计算结果保留小数点后两位。

7. 结果评定

当消化速度在10 min以内时为快熟石灰,当消化速度在10~30 min时为中熟石灰,当消化速度在30 min以上时为慢熟石灰。

(四)生石灰产浆量及未消化残渣含量

1. 目的及适用范围

在实际中一般都是通过淋灰池将生石灰制成石灰膏,然后在工程中使用。测定生石灰产浆量及未消化残渣含量可以判断生石灰制石灰膏的效率。本方法适用于建筑生石灰,其他用途的生石灰亦可参照使用。

2. 采用标准

本方法采用的标准为《建筑石灰试验方法物理试验方法》(JC/T 478.1—92)。

3. 仪器设备

(1)圆孔筛:孔径5 mm,20 mm。

(2)生石灰浆渣测定仪:见图2-1。

(3)玻璃量筒:500 mL。

(4)天平:称量1 000 g,分度值1 g。

(5)搪瓷盘:200 mm×300 mm。

(6)钢板尺:300 mm。

(7)烘箱:最高温度200 ℃。

(8)保温套。

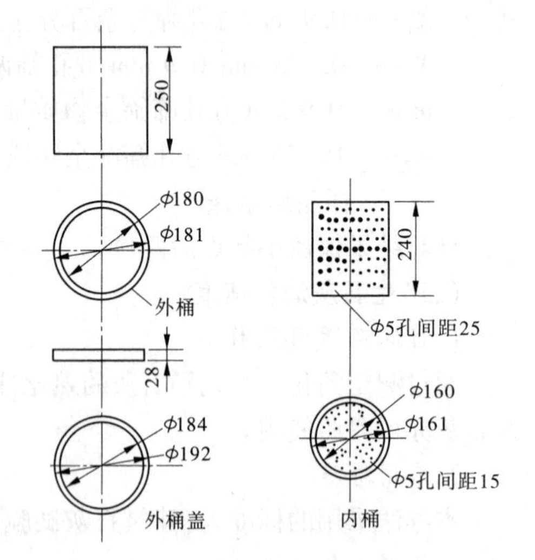

图2-1 石灰浆渣测定仪

4. 试样制备

将4 kg试样破碎,全部通过20 mm的圆孔筛,其中小于5 mm粒度的试样量不大于30%,混均,备用。生石灰粉样混均即可。

5. 试验步骤

称取已制备好的生石灰试样1 kg倒入装有2 500 mL、(20±5)℃清水的筛筒(筛筒置于外筒内)。盖上盖,静置消化20 min,用圆木棒连续搅动2 min,继续静置消化40 min,再搅动

2 min。提起筛筒用清水冲洗筛内残渣，至水流不浑浊（冲洗用清水仍倒入筛筒内，水总体积控制在3 000 mL），将渣移入搪瓷盘（或蒸发皿）内，在100～105 ℃烘箱中烘干至恒重，冷却至室温后用5 mm圆孔筛筛分，称量筛余物质量。计算未消化残渣含量。浆体静置24 h后，用钢板尺量出浆体高度（外筒内总高度减去筒口至浆面的高度）。

6. 结果计算

（1）产浆量（X_3）按式（2-3）计算。

$$X_3 = \frac{R^2 \pi H}{1 \times 10^6} \tag{2-3}$$

式中 X_3——产浆量，L/kg；

π——取3.14；

H——浆体高度，mm；

R——浆筒半径，mm。

（2）未消化残渣百分含量按式（2-4）计算。

$$X_4 = \frac{m_3}{m} \times 100\% \tag{2-4}$$

式中 X_4——未消化残渣含量（%）；

m_3——未消化残渣质量，g；

m——样品质量，g。

以上计算结果保留小数点后两位。

（五）消石灰粉体积安定性

1. 目的

通过观察烘干后石灰饼块的外形变化判定消石灰粉的体积安定性。

2. 采用标准

本办法采用的标准为《建筑石灰试验方法物理试验方法》（JC/T 478.1—92）。

3. 仪器设备。

（1）天平：称量200 g，分度值0.2 g。

（2）量筒：250 mL。

（3）牛角勺。

（4）蒸发皿：300 mL。

（5）石棉网板：外径125 mm，石棉含量72%。

（6）烘箱：最高温度200 ℃。

4. 试验步骤

称取试样100 g，倒入300 mL的蒸发皿内，加入（20±2）℃清洁淡水约120 mL，在3 min内拌和成稠浆。一次性浇注于两块石棉网板上，其饼块直径50～70 mm，中心高8～10 mm，成饼后在室温下放置5 min后，将饼块移至另两块干燥的石棉网板上，然后放入烘箱中加热到100～105 ℃烘干4 h取出。

5. 结果评定

烘干后饼块用肉眼检查无溃散、裂纹、鼓包称为体积安定性合格，若出现三种现象之一者，表示体积安定性不合格。

(六)消石灰粉游离水

1. 适用范围

本方法适用于建筑消石灰粉游离水的测定,其他用途的消石灰粉亦可参照使用。

2. 采用标准

本办法采用的标准为《建筑石灰试验方法物理试验方法》(JC/T 478.1—92)。

3. 仪器设备

(1)天平:称量 200 g,分度值 0.2 g。

(2)烘箱:最高温度 200 ℃。

4. 试验步骤

称取试样 100 g,移入搪瓷盘内,在 100 ~ 105 ℃烘箱中,烘干至恒重,冷却至室温后称量。计算游离水。

5. 结果计算

消石灰粉游离水含量(X_5)按式(2-5)计算。

$$X_5 = \frac{m - m_1}{m} \times 100\% \tag{2-5}$$

式中 X_5——消石灰粉游离水含量(%);

m_1——烘干后样品质量,g;

m——样品质量,g。

6. 结果评定

当消石灰粉游离水含量为 0.4% ~2% 时为合格,否则为不合格。

四、石灰的质量评定

石灰每一检验批按本节所述的方法及表 2-1 ~ 表 2-3 中规定的项目进行检验。当各项技术指标都达到表中要求的指标时判为该等级,若有一项指标低于合格品要求,判为不合格品。

第二节 建筑石膏

一、建筑石膏的技术指标

建筑石膏按技术要求分为优等品、一等品和合格品三个等级,各等级具体要求见表 2-4。

表 2-4 建筑石膏技术指标

指标		优等品	一等品	合格品
细度(孔径 0.2 mm 筛筛余量不超过),(%)		5.0	10.0	15.0
抗折强度(烘干至质量恒定后不小于),(MPa)		2.5	2.1	1.8
抗压强度(烘干至质量恒定后不小于),(MPa)		4.9	3.9	2.9
凝结时间(min)	初凝不早于	6		
	终凝不迟于	30		

注:指标中有一项不符合者,应予降级或报废。

二、石膏检验方法

（一）取样

1. 检验批的确定

对于年产量小于 15×10^4 t 的生产厂，以不超过 65 t 同等级的建筑石膏为一批；对于年产量等于或大于 15×10^4 t 的生产厂，以不超过 200 t 同等级的建筑石膏为一批。

2. 取样

从每批建筑石膏不同部位的 10 个袋中等量抽取总数至少 15 kg 的试样，将抽出的试样混合均匀，分为 3 等份，保存在密封容器中。其中 1 份做试验，其余 2 份在室温下保存 3 个月，必要时用它做仲裁试验。

（二）试验环境要求

实验室温度为（20 ±5）℃，空气相对湿度为 65% ±10%。建筑石膏试样、拌和水及试模等仪器的温度应与实验室室温相同。

（三）细度

1. 目的

检验石膏的颗粒粗细程度。

2. 采用标准

细度测定采用的标准为《建筑石膏》（GB 9776—2008）。

3. 仪器设备

（1）标准筛：筛孔边长为 0.2 mm 的方孔筛，筛底有接收盘，顶部有筛盖盖严。

（2）烘干箱：控温器灵敏度 ±1 ℃。

（3）天平：准确度 ±0.1 g。

（4）黑纸。

4. 试样制备

从密封容器内取出 500 g 试样，在（40 ±2）℃温度下烘干至恒重（烘干时间相隔 1 h 的质量差不超过 0.5 g 即为恒重），并在干燥器中冷却至室温。

5. 试验步骤

（1）称取试样（50 ±0.1）g，倒入安上筛底的 0.2 mm 的方孔筛中，盖上筛盖。

（2）一只手拿住筛子略倾斜地摆动，使其撞击另一只手，撞击的速度为 125 次/min，摆动幅度为 20 cm，每摆动 25 次后筛子旋转 90°，继续摆动。试验中发现筛孔被试样堵塞，可用毛刷轻刷筛网底面，使筛网疏通，继续进行筛分。筛分至 4 min 时，去掉筛底，在黑纸上继续筛分 1 min。称量筛在纸上的试样，当其小于 0.1 g 时，认为筛分完成，否则继续筛分，直至达到要求。

6. 结果计算

石膏细度以筛余百分数（W）表示。W 可按下式计算：

$$W=\frac{G}{50}\times100\% \tag{2-10}$$

式中 W——石膏细度（%）；

G——遗留在筛上的试样质量，g。

结果计算至0.1%。重复上述步骤，再做一次。

7. 结果评定

如两次测定结果的差值小于1%，则以其平均值作为试样细度；否则再次测定，至两次测定值之差小于1%，再取两者的平均值。

（四）松散容重

1. 目的及适用范围

测定石膏的松散容重，适用于建筑石膏，其他品种石膏亦可参照使用。

2. 采用标准

松散容重测定采用的标准为《建筑石膏》（GB 9776—2008）。

3. 仪器设备

（1）松散容重测定仪：仪器是一个支在三条支架上的铜质锥形漏斗，漏斗中部设有一边长为2 mm的方孔筛。仪器还附有1个容重桶，其容量为1 L，并配有1个套筒（见图2-2和图2-3）。

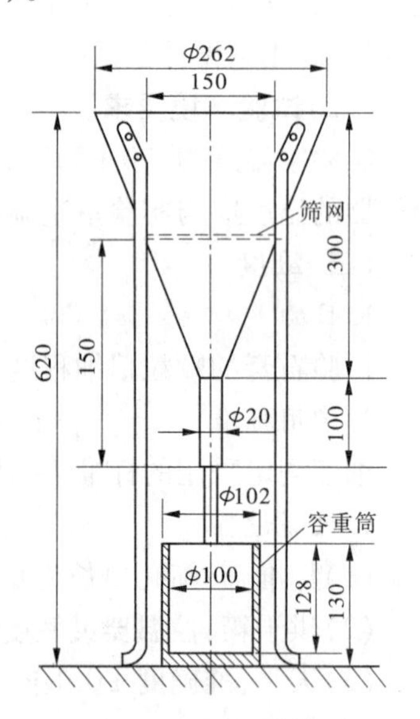

图2-2　松散容重测定仪

（2）毛刷。

（3）直尺。

（4）天平。

4. 试验步骤

（1）从密封容器内取出2 000 g试样，充分拌匀，备用。

（2）称量不带套筒的容重桶，精确至5 g。在容重桶上装上套筒，并将其放在锥形漏斗下。

（3）将试样以100 g为1份倒入漏斗，用毛刷搅动试样，使其通过漏斗中部的筛网落入容重桶中。

（4）当装有延伸套筒的容重桶填满时，在避免振动的情况下移去套筒，用直尺刮平表面，使桶中的试样表面与容重桶上缘齐平。

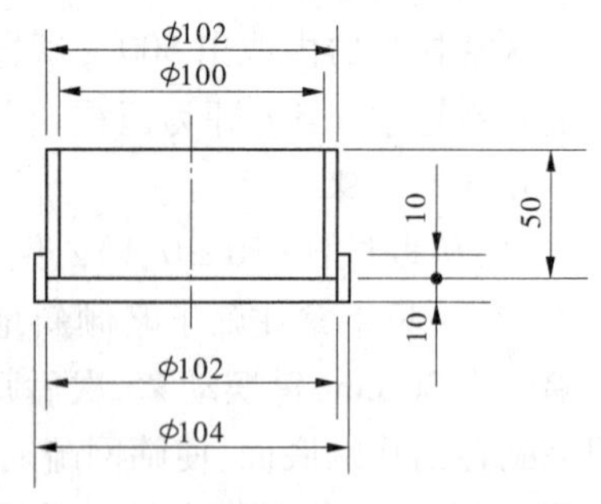

图2-3　容重筒及套筒

（5）称量容重桶和试样的质量，精确至5 g。

5. 结果计算

石膏的松散密度按式（2-11）计算：

$$\rho = \frac{G_1 - G_0}{V} \qquad (2\text{-}11)$$

式中　ρ——石膏的松散密度，g/L；

G_0——容重桶质量，g；

G_1——容重桶和试样的质量，g；

V——容重桶容积，L。

连续重复上述步骤，再测一次。

6. 结果评定

如果两次测定结果之差小于小值的5%，则以平均值作为试样的松散容重；否则应再次测定，至两次测定值之差小于小值的5%，再取二者的平均值。

三、石膏的质量评定

石膏每一检验批按本节所述的方法及项目进行检验，对检验结果，如果有一个以上指标不合格，则可用其他 2 份试样对不合格项目进行复检。重检结果，如 2 个试样均合格，则该批产品判为批合格；如仍有 1 个试样不合格，则该批产品判为批不合格。

第三章　水　泥

第一节　水泥的定义、强度等级及质量标准

一、通用硅酸盐水泥的定义、强度等级及质量标准

（一）定义与强度等级

通用硅酸盐水泥主要是指硅酸盐水泥、普通硅酸盐水泥、矿渣硅酸盐水泥、粉煤灰硅酸盐水泥、火山灰硅酸盐水泥和复合硅酸盐水泥六种，其定义及强度等级范围见表 3-1。

表 3-1　通用水泥的定义及强度等级

名称	代号	定义	强度等级
硅酸盐水泥	P · Ⅰ P · Ⅱ	凡由硅酸盐水泥熟料、0 ~ 5% 石灰石或粒化高炉矿渣、适量石膏磨细制成的水硬性胶凝材料，称为硅酸盐水泥（国外称波特兰水泥）。硅酸盐水泥分为两种类型：不掺加混合材料的称Ⅰ型硅酸盐水泥，代号 P · I；在硅酸盐水泥粉磨时掺加不超过水泥质量 5% 的石灰石或粒化高炉矿渣混合材料的称Ⅱ型硅酸盐水泥，代号 P · Ⅱ	42.5 42.5R 52.5 52.5R 62.5 62.5R
普通硅酸盐水泥	P · O	凡由硅酸盐水泥熟料、6% ~ 20% 混合材料、适量石膏磨细制成的水硬性胶凝材料，称为普通硅酸盐水泥，简称普通水泥；掺活性混合材料时，最大掺量不超过水泥质量的 15%，其中允许用不超过水泥质量 5% 的窑灰或不超过水泥质量 10% 的非活性混合材料来代替。掺非活性混合材料时，最大掺量不超过水泥质量的 10%	42.5 42.5R 52.5 52.5R
矿渣硅酸盐水泥	P · S	凡由硅酸盐水泥熟料和粒化高炉矿渣、适量石膏磨细制成的水硬性胶凝材料称为矿渣硅酸盐水泥，简称矿渣水泥。P · S · A 水泥中粒化高炉矿渣掺加量按质量百分比计为 20% ~ 50%（P · S · B 为 20% ~ 70%），允许用火山灰质混合材料、粉煤灰或石灰石、窑灰材料其中的一种材料来代替粒化高炉矿渣。代替数量不得超过水泥质量的 8%，替代水泥中粒化高炉矿渣不得少于 20%	32.5 32.5R 42.5 42.5R 52.5 52.5R

续表 3-1

名称	代号	定义	强度等级
粉煤灰 火山灰质硅 酸盐水泥	P·P	凡由硅酸盐水泥熟料和火山灰质混合材料、适量石膏磨细制成的水硬性胶凝材料称为火山灰质硅酸盐水泥，简称火山灰水泥。水泥中火山灰质混合材料掺加量按质量百分比计为20%～40%	32.5 32.5R 42.5 42.5R 52.5 52.5R
硅酸盐水泥	P·F	凡由硅酸盐水泥熟料和粉煤灰、适量石膏磨细制成的水硬性胶凝材料称为粉煤灰硅酸盐水泥，简称粉煤灰水泥。水泥中粉煤灰掺量按质量百分比计为20%～40%	
复合硅 酸盐水泥	P·C	凡由硅酸盐水泥熟料、两种或两种以上规定的混合材料、适量石膏磨细制成的水硬性胶凝材料称为复合硅酸盐水泥，简称复合水泥。水泥中混合材料掺加总量按质量百分比计应大于20%，但不超过50%。水泥中允许用不超过8%的窑灰代替部分混合材料；掺矿渣时混合材料掺量不得与矿渣硅酸盐水泥重复。混合材料总掺加量按质量百分比计大于20%～50%	

注：强度等级中带R的为早强型水泥。

（二）质量标准

1. 物理性质和有害物含量

水泥的物理性能指标和有害杂物含量应满足表3-2的要求。

表 3-2 化学指标和物理指标

项目		水泥品种						
		P·Ⅰ	P·Ⅱ	P·O	P·S	P·P	P·F	P·S
细度	比表面积(m^2/kg)	>300		—				
	80 μm或45 μm筛筛余(%)	—		≤10或≤30				
凝结时间	初凝时间(min)	≥45						
	终凝时间(min)	≤390		≤600				
安定性		用沸煮法检验必须合格						
氧化镁含量(%)		水泥中≤5.0[a]			水泥中≤6.0[b]			
水泥中三氧化硫含量(%)		≤3.5			≤4.0	≤3.5		
不溶物(%)		≤0.75	≤1.5	—	—			
烧失量(%)		≤3.0	≤3.5	≤5.0	—			
碱含量，按 $Na_2O+0.658K_2O$ 计算值表示		要求低碱水泥时，≤0.6%或协商			协商			

注：a. 如果水泥压蒸试验合格，则水泥中氧化镁的含量（质量分数）允许放宽至6.0%；

b. 如果水泥中氧化镁的含量（质量分数）大于6.0%，需进行水泥压蒸安定性试验并合格。

2. 强度

水泥强度是水泥非常重要的技术指标。不同品种不同强度等级的通用硅酸盐水泥,其不同龄期的强度应符合表 3-3 的规定。

表 3-3　不同品种不同强度等级的通用硅酸盐水泥不同龄期的强度值

<table>
<tr><th rowspan="2">品种</th><th rowspan="2">强度等级</th><th colspan="2">抗压强度(MPa)</th><th colspan="2">抗折强度(MPa)</th></tr>
<tr><th>3 d</th><th>28 d</th><th>3 d</th><th>28 d</th></tr>
<tr><td rowspan="6">硅酸盐水泥</td><td>42.5</td><td>≥17.0</td><td rowspan="2">≥42.5</td><td>≥3.5</td><td rowspan="2">≥6.5</td></tr>
<tr><td>42.5R</td><td>≥22.0</td><td>≥4.0</td></tr>
<tr><td>52.5</td><td>≥23.0</td><td rowspan="2">≥52.5</td><td>≥4.0</td><td rowspan="2">≥7.0</td></tr>
<tr><td>52.5R</td><td>≥27.0</td><td>≥5.0</td></tr>
<tr><td>62.5</td><td>≥28.0</td><td rowspan="2">≥62.5</td><td>≥5.0</td><td rowspan="2">≥8.0</td></tr>
<tr><td>62.5R</td><td>≥32.0</td><td>≥5.5</td></tr>
<tr><td rowspan="4">普通硅酸盐水泥</td><td>42.5</td><td>≥17.0</td><td rowspan="2">≥42.5</td><td>≥3.5</td><td rowspan="2">≥6.5</td></tr>
<tr><td>42.5R</td><td>≥22.0</td><td>≥4.0</td></tr>
<tr><td>52.5</td><td>≥23.0</td><td rowspan="2">≥52.5</td><td>≥4.0</td><td rowspan="2">≥7.0</td></tr>
<tr><td>52.5R</td><td>≥27.0</td><td>≥5.0</td></tr>
<tr><td rowspan="6">矿渣硅酸盐水泥、
火山灰质硅酸盐水泥、
粉煤灰硅酸盐水泥、
复合硅酸盐水泥</td><td>32.5</td><td>≥10.0</td><td rowspan="2">≥32.5</td><td>≥2.5</td><td rowspan="2">≥5.5</td></tr>
<tr><td>32.5R</td><td>≥15.0</td><td>≥3.5</td></tr>
<tr><td>42.5</td><td>≥15.0</td><td rowspan="2">≥42.5</td><td>≥3.5</td><td rowspan="2">≥6.5</td></tr>
<tr><td>42.5R</td><td>≥19.0</td><td>≥4.0</td></tr>
<tr><td>52.5</td><td>≥21.0</td><td rowspan="2">≥52.5</td><td>≥4.0</td><td rowspan="2">≥7.0</td></tr>
<tr><td>52.5R</td><td>≥23.0</td><td>≥4.5</td></tr>
</table>

二、白色硅酸盐水泥

(一)定义

由白色硅酸盐水泥熟料加入适量石膏,磨细制成的水硬性胶凝材料称为白色硅酸盐水泥(简称白水泥)。

(二)强度等级

白色硅酸盐水泥的强度等级分为 32.5、42.5 和 52.5 级,各强度等级各龄期强度不得低于表 3-4 的规定。

白水泥白度值不低于 87。

(三)其他质量指标

(1)氧化镁含量:熟料中氧化镁含量不得超过 4.5%。

(2)三氧化硫含量:水泥中三氧化硫的含量不得超过 3.5%。

(3)细度:在 0.08 mm 方孔筛上筛余量不超过 10 %。

表 3-4　白水泥强度指标

强度等级	抗压强度(MPa)		抗折强度(MPa)	
	3 d	28 d	3 d	28 d
32.5	12.0	32.5	3.0	6.0
42.5	17.0	42.5	3.5	6.5
52.5	22.0	52.5	4.0	7.0

(4)凝结时间:初凝不得早于 45 min,终凝不得迟于 12 h。

(5)安定性:用沸煮法检验,必须合格。

第二节　水泥物理力学性能检验

一、一般规定

(一)取样

水泥出厂前按同品种、同强度等级编号和取样。袋装水泥和散装水泥应分别进行编号和取样。每一编号为一取样单位。水泥出厂编号按年生产能力规定为:

200×10^4 以上,不超过 4 000 t 为一编号;

$120 \times 10^4 \sim 200 \times 10^4$ t,不超过 2 400 t 为一编号;

$60 \times 10^4 \sim 120 \times 10^4$ t,不超过 1 000 t 为一编号;

$30 \times 10^4 \sim 60 \times 10^4$ t,不超过 600 t 为一编号;

$10 \times 10^4 \sim 30 \times 10^4$ t,不超过 400 t 为一编号;

10×10^4 t 以下,不超过 200 t 为一编号。

取样方法按《水泥取样方法》(GB 12573—2008)进行。可连续取,亦可从 20 个以上不同部位取等量样品,总量至少 12 kg。当散装水泥运输工具的容量超过该厂规定出厂编号吨数时,允许该编号的数量超过取样规定吨数。

(二)试样及用水

(1)水泥试样应充分拌匀,通过 0.9 mm 方孔筛并记录筛余物情况。

(2)试验用水应是洁净的淡水,如对水质有争议也可用蒸馏水。

(三)实验室温湿度

(1)实验室的温度为 17 ~ 25 ℃,相对湿度大于 50%;胶砂成型实验室的温度应保持在(20 ± 2)℃,相对湿度不低于 50%。

(2)水泥试样、拌和水、仪器和用具的温度应与实验室一致。

二、水泥密度

(一)目的及适用范围

水泥的密度是进行混凝土配合比设计的必要材料之一,通过试验测定材料密度,计算材料孔隙率和密实度。

（二）采用标准

采用标准为《水泥密度测定方法》（GB/T 208—1994）。

（三）试样制备

检验用水泥试样，必须先在烘干箱中，以在（110 ± 5）℃下干燥 1 h，然后放入干燥器中冷却至室温，备用。

（四）结果评定

以两个试样试验结果的算术平均值作为水泥密度的测定值，精确到 0.01 g/cm^3。两个试样测定结果之差不得超过 0.02 g/cm^3。

三、水泥细度（筛析法）

（一）目的及适用范围

检测水泥粉状物料的粗细程度。通过用 45 μm 方孔筛和 80 μm 方孔筛筛析法测定水泥的细度，为判定水泥质量提供依据。通常以标准筛的筛余百分数表示。

细度检验方法包括负压筛析法、水筛法、手工筛析法三种，适用于硅酸盐水泥、普通硅酸盐水泥、矿渣硅酸盐水泥、火山灰质硅酸盐水泥、粉煤灰硅酸盐水泥、复合硅酸盐水泥以及指定采用本标准的其他品种水泥和粉状物料。

（二）采用标准

采用标准为《水泥细度检验方法》（GB/T 1345—2005）。

四、水泥标准稠度用水量

（一）目的及适用范围

通过试验测定水泥净浆达到标准稠度时的用水量，作为水泥凝结时间、安定性试验用水量的标准。本方法适用于 5 种常用硅酸盐水泥及指定采用本方法的其他品种水泥。

（二）采用标准

采用的标准为《水泥标准稠度用水量、凝结时间、安定性检验方法》（GB/T 1346—2011）。

（三）结果评定

硅酸盐水泥初凝不得早于 45 min，终凝不得迟于 390 min。

普通水泥、矿渣水泥、火山灰水泥、粉煤灰水泥和复合硅酸盐水泥初凝不得早于 45 min，终凝不得迟于 10 h，其他品种水泥参阅相应技术标准。

六、水泥安定性

（一）目的及适用范围

用雷氏法测定水泥净浆在雷氏夹中沸煮后的膨胀值，判断水泥安定性是否合格。适用于 5 种常用硅酸盐水泥及指定采用本方法的其他品种水泥。

（二）采用标准

采用的标准为《水泥标准稠度用水量、凝结时间、安定性检验方法》（GB/T 1346—2011）。

（三）试验结果

沸煮结束后，立即放掉沸煮箱中的热水，打开箱盖，待箱体冷却至室温，取出试件进行判别。测量雷氏夹指针尖端的距离（C），准确至0.5 mm，当两个试件煮后增加距离（$C-A$）的平均值不大于5.0 mm时，即认为该水泥安定性合格，当两个试件煮后增加距离（$C-A$）的平均值大于5.0 mm时，应用同一样品立即重做一次试验。以复检结果为准。

雷氏夹由于结构质薄，圈小针长，切对弹性有严格要求，因此在操作中应小心谨慎，勿施大力，以免造成损坏变形。雷氏夹使用前应检查弹性，只有距离在30 mm，符合标准要求时才能使用。

（二）试饼法

1. 目的及适用范围

通过观察水泥净浆试饼沸煮后的外形变化来检验水泥的安定性。适用于通用硅酸盐水泥及指定采用本方法的其他品种水泥。

2. 采用标准

采用的标准为《水泥标准稠度用水量、凝结时间、安定性检验方法》（GB/T 1346—2011）。

七、水泥胶砂强度

（一）目的及适用范围

检验水泥各龄期强度，以确定强度等级；或已知强度等级，检验强度是否满足规范要求。适用于通用硅酸盐水泥的抗折强度和抗压强度检验；凡指定采用本方法的其他品种水泥经试验确定水灰比后，亦可适用。

（二）采用标准

采用的标准为《水泥胶砂强度检验方法》（GB/T 17671—1999）。

第四章　掺合料

第一节　用于水泥和混凝土中的粉煤灰

一、粉煤灰的定义与分类

（一）定义

电厂粉煤炉烟道气体中收集的粉末称为粉煤灰。

（二）分类

1. 按煤种分为F类和C类

由无烟煤和烟煤煅烧收集的粉煤灰称为F类粉煤灰。

由褐煤和次烟煤煅烧收集的粉煤灰，其氧化钙含量一般大于10%，称为C类粉煤灰。

2. 按用途分

按用途粉煤灰分为拌制混凝土及砂浆用粉煤灰和水泥活性混合材料用粉煤灰。

二、粉煤灰的等级和技术要求

（一）等级

拌制混凝土及砂浆用粉煤灰分为三个等级：Ⅰ级、Ⅱ级、Ⅲ级。

（二）技术要求

（1）拌制混凝土和砂浆用粉煤灰应符合表4-1的技术要求。

表4-1　拌制混凝土和砂浆时作掺合料的粉煤灰主要技术指标要求

<table>
<tr><th colspan="2" rowspan="2">项目</th><th colspan="3">技术要求</th></tr>
<tr><th>Ⅰ级</th><th>Ⅱ级</th><th>Ⅲ级</th></tr>
<tr><td rowspan="2">细度（45 μm方孔筛筛余）（%），不大于</td><td>F类粉煤灰</td><td rowspan="2">12.0</td><td rowspan="2">25.0</td><td rowspan="2">45.0</td></tr>
<tr><td>C类粉煤灰</td></tr>
<tr><td rowspan="2">需水量比（%），不大于</td><td>F类粉煤灰</td><td rowspan="2">95</td><td rowspan="2">105</td><td rowspan="2">115</td></tr>
<tr><td>C类粉煤灰</td></tr>
<tr><td rowspan="2">烧失量（%），不大于</td><td>F类粉煤灰</td><td rowspan="2">5.0</td><td rowspan="2">8.0</td><td rowspan="2">15.0</td></tr>
<tr><td>C类粉煤灰</td></tr>
<tr><td rowspan="2">含水量（%），不大于</td><td>F类粉煤灰</td><td rowspan="2" colspan="3">1.0</td></tr>
<tr><td>C类粉煤灰</td></tr>
<tr><td rowspan="2">三氧化硫（%），不大于</td><td>F类粉煤灰</td><td rowspan="2" colspan="3">3.0</td></tr>
<tr><td>C类粉煤灰</td></tr>
<tr><td rowspan="2">游离氧化钙（%），不大于</td><td>F类粉煤灰</td><td colspan="3">1.0</td></tr>
<tr><td>C类粉煤灰</td><td colspan="3">4.0</td></tr>
<tr><td>安定性（雷氏夹沸煮后增加距离）（mm），不大于</td><td>C类粉煤灰</td><td colspan="3">5.0</td></tr>
</table>

(2)水泥活性混合材料用粉煤灰应符合表4-2的技术要求。

表4-2　水泥活性混合材料用粉煤灰主要技术指标

<table>
<tr><th colspan="2">项目</th><th>技术要求</th></tr>
<tr><td rowspan="2">烧失量(%),不大于</td><td>F类粉煤灰</td><td rowspan="2">8.0</td></tr>
<tr><td>C类粉煤灰</td></tr>
<tr><td rowspan="2">含水量(%),不大于</td><td>F类粉煤灰</td><td rowspan="2">1.0</td></tr>
<tr><td>C类粉煤灰</td></tr>
<tr><td rowspan="2">三氧化硫(%),不大于</td><td>F类粉煤灰</td><td rowspan="2">3.5</td></tr>
<tr><td>C类粉煤灰</td></tr>
<tr><td rowspan="2">游离氧化钙(%),不大于</td><td>F类粉煤灰</td><td>1.0</td></tr>
<tr><td>C类粉煤灰</td><td>4.0</td></tr>
<tr><td>安定性 雷氏夹沸煮后增加距离(mm),不大于</td><td>C类粉煤灰</td><td>5.0</td></tr>
<tr><td rowspan="2">强度活性指数(%),不小于</td><td>F类粉煤灰</td><td rowspan="2">70.0</td></tr>
<tr><td>C类粉煤灰</td></tr>
</table>

(3)放射性。合格。

(4)碱含量。粉煤灰中的碱含量按 $Na_2O + 0.658K_2O$ 计算值表示,当粉煤灰用于活性集料混凝土,要限制掺合料的碱含量时,由买卖双方协商确定。

(5)均匀性。以细度(45 μm 筛筛余)为考核依据,单一样品的细度不应超过前10个样品细度平均值的最大偏差,最大偏差范围由买卖双方协商确定。

三、检验规则

(一)编号

以连续供应的200 t相同等级、相同种类的粉煤灰为一编号。不足200 t按一个编号论,粉煤灰的质量按干灰(含水率小于1%)的质量计算。

(二)取样

取样应具有代表性,可连续取,也可从10个以上不同部位取等量样品,总量不少于3 kg。取样方法按《水泥取样方法》(GB 12573—2008)进行。

拌制混凝土和砂浆时作掺合料用的粉煤灰,必要时,买方可对粉煤灰的技术要求进行随机抽样检测。

四、结果评定

(1)拌制混凝土和砂浆用粉煤灰,结果符合表4-1规定各级技术要求时为等级品。若其中任何一项不符合要求,允许在同一编号中重新加倍取样进行全部项目的检测,以复检结果判定,复检结果不合格可以降级处理。凡低于表4-1最低级别要求的为不合格品。

(2)水泥活性混合材料用粉煤灰出厂检验结果符合表4-2规定技术要求时判为出厂检验合格。若其中任何一项不符合要求,允许在同一编号中重新加倍取样进行全部项目复检,以复检结果判定。

第二节　用于水泥和混凝土中的粒化高炉矿渣粉

一、粒化高炉矿渣粉的定义

以粒化高炉矿渣为主要原料,可掺加少量石膏磨制成一定细度的粉体,称为粒化高炉矿渣粉。

二、组分与材料

(1)矿渣:符合《用于水泥中的粒化高炉矿渣》(GB/T 203—2008)规定的粒化高炉矿渣。

(2)石膏:符合《天然石膏》(GB/T 5483—2008)规定的石膏或混合石膏。

(3)助磨剂:符合《水泥助磨剂》(JC/T 667—2004)的规定,其掺加量不应超过矿渣粉质量的0.5%。

三、级别

用于水泥和混凝土中的粒化高炉矿渣粉分S105、S95和S75三个级别。

四、技术要求

用于水泥和混凝土中的粒化高炉矿渣粉应符合表4-3的技术要求。

表4-3　用于水泥和混凝土中的粒化高炉矿渣粉主要技术指标

<table>
<tr><th colspan="2" rowspan="2">项目</th><th colspan="3">级别</th></tr>
<tr><th>S105</th><th>S95</th><th>S75</th></tr>
<tr><td colspan="2">密度(g/m³),≥</td><td colspan="3">2.8</td></tr>
<tr><td colspan="2">比表面积(m²/kg),≥</td><td>500</td><td>400</td><td>300</td></tr>
<tr><td rowspan="2">活性指数(%),≥</td><td>7 d</td><td>95</td><td>75</td><td>55</td></tr>
<tr><td>28 d</td><td>105</td><td>95</td><td>75</td></tr>
<tr><td colspan="2">流动度比(%),≥</td><td colspan="3">95</td></tr>
<tr><td colspan="2">含水量(质量分数)(%),≤</td><td colspan="3">1.0</td></tr>
<tr><td colspan="2">三氧化硫(质量分数)(%),≤</td><td colspan="3">4.0</td></tr>
<tr><td colspan="2">氯离子(质量分数)(%),≤</td><td colspan="3">0.06</td></tr>
<tr><td colspan="2">烧失量(质量分数)(%),≤</td><td colspan="3">3.0</td></tr>
<tr><td colspan="2">玻璃体含量(质量分数)(%),≥</td><td colspan="3">85</td></tr>
<tr><td colspan="2">放射性</td><td colspan="3">合格</td></tr>
</table>

(七)质量评价

1.合格

检验结果符合本节“四、技术要求”表中密度、比表面积、活性指数、流动度比、含水量、三氧化硫等技术要求的为合格品。

2. 不合格

检验结果不符合本节“四、技术要求”表中密度、比表面积、活性指数、流动度比、含水量、三氧化硫等技术要求的为不合格品。

3. 复验

若检验结果有任何一项不符合本节“四、技术要求”表中要求的,应加倍取样对不合格的项目进行复检,结果以复检结果为准。

第五章　集　料

混凝土中的集料包括粗集料和细集料,砂浆中仅有细集料,石子称为粗集料,砂称为细集料。

第一节　细集料(砂)

一、砂的定义和分类

在自然条件作用下形成的(或经机械破碎筛分而成)并且粒径小于5.00 mm的岩石颗粒称为砂。砂按产源不同分为天然砂、人工砂和混合砂。

(1)天然砂:由自然条件作用而形成的岩石颗粒。

(2)人工砂:由人工开采、机械破碎、筛分而成的岩石颗粒。

(3)混合砂:由天然砂和人工砂按一定比例组合而成的砂。

二、质量要求

(1)砂按细度模数分为粗、中、细、特细四级,指标如下:

粗砂:$\mu_f = 3.7 \sim 3.1$;

中砂:$\mu_f = 3.0 \sim 2.3$;

细砂:$\mu_f = 2.2 \sim 1.6$;

特细砂:$\mu_f = 1.5 \sim 0.7$。

(2)颗粒级配:表示砂的大小颗粒搭配情况。砂的级配合理与否直接影响混凝土拌和物的稠度。合理的砂子级配,能够减少拌和物的用水量,得到流动性、均匀性及密实性较好的混凝土,同时达到节约水泥的效果,是一个重要的检测项目。

除特细砂外,砂的颗粒级配可按公称直径630 μm筛孔的累计筛余量(以质量百分数率计)分成三个级配区(见表5-1)且砂的颗粒级配应处于表中的某一区内。砂的实际颗粒级配与表中的累计筛余相比,除公称粒径为5.00 mm和630 μm的累计筛余外,其余公称粒径的累计筛余可稍有超出分界线,但总超出量不应大于5%。

当天然砂的实际颗粒级配不符合要求时,宜采取相应的技术措施,并经试验证明能确保混凝土质量后,方允许使用。

配置混凝土时宜优先选用Ⅱ区砂,当采用Ⅰ区砂时,应提高砂率,并保持足够的水泥用量,满足混凝土的和易性;当采用Ⅲ区砂时,宜适当降低砂率;当采用特细砂时,应符合相应的规定。

配置泵送混凝土,宜选用中砂。

(3)天然砂中含泥量应符合表5-2的规定。

表 5-1　砂颗粒级配区

公称粒径	不同级配区的累计筛余(%)		
	Ⅰ区	Ⅱ区	Ⅲ区
5.00 mm	10～0	10～0	10～0
2.50 mm	35～5	25～0	15～0
1.25 mm	65～35	50～10	25～0
630 μm	85～71	70～41	40～16
315 μm	95～80	92～70	85～55
160 μm	100～90	100～90	100～90

表 5-2　天然砂中含泥量

混凝土强度	≥C60	C55～C30	≤C25
含泥量(按质量计,%)	≤2.0	≤3.0	≤5.0

对于有抗冻、抗渗或其他特殊要求的小于或等于 C25 混凝土用砂,其含泥量不应大于3.0%。

(4)砂中泥块含量应符合表 5-3 的规定。

表 5-3　砂中泥块含量

混凝土强度	≥C60	C55～C30	≤C25
泥块含量(按质量计,%)	≤0.5	≤1.0	≤2.0

对于有抗冻、抗渗或其他特殊要求的小于或等于 C25 混凝土用砂,其含泥块量不应大于1.0%。

(5)人工砂或混合砂中石粉含量应符合表 5-4 的规定。

表 5-4　人工砂或混合砂中石粉含量

混凝土强度		≥C60	C55～C30	≤C25
石粉含量(%)	*MB*<1.4(合格)	≤5.0	≤7.0	≤10.0
	MB≥1.4(不合格)	≤2.0	≤3.0	≤5.0

(6)砂的坚固性采用硫酸钠溶液法检验,试样经 5 次循环后,其质量损失应符合表 5-5 的规定。

表 5-5　砂的坚固性指标

混凝土所处的环境条件及其性能要求	5 次循环后的质量损失(%)
在严寒及寒冷地区室外使用并经常处于潮湿或干湿交替状态下的混凝土。 对于有抗疲劳、耐磨、抗冲击要求的混凝土。 有腐蚀介质作用或经常处于水位变化区的地下结构的混凝土	≤8
其他条件下使用的混凝土	≤10

(7)人工砂的总压碎值指标应小于30%。

(8)当砂中含有云母、轻物质、有机物、硫化物及硫酸盐等有害物质时,其含量应符合表5-6的规定。

表5-6　砂中的有害物质含量

项目	质量指标
云母含量(按质量计,%)	≤2.0
轻物质含量(按质量计,%)	≤1.0
硫化物及硫酸盐含量(折算成 SO_3 质量计,%)	≤1.0
有机物含量(用比色法试验)	颜色不应深于标准色。当颜色深于标准色时,应按水泥胶砂强度试验方法进行强度对比试验,抗压强度比不应低于0.95

对于有抗冻、抗渗要求的混凝土用砂,其云母含量不应大于1.0%。

当砂中含有颗粒状的硫酸盐或硫化物杂质时,应进行专门检验,确认能满足混凝土耐久性要求后,方可采用。

(9)对于长期处于潮湿环境的重要混凝土结构用砂,应采用砂浆棒(快速法)或砂浆长度法进行集料的碱活性检验。经上述检验判断为有潜在危害时,应控制混凝土中的碱含量不超过3 kg/m^3,或采取能抑制碱集料反应的有效措施。

(10)砂中氯离子含量应符合下列规定:

①对于钢筋混凝土用砂,其氯离子含量不得大于0.06%(以干砂质量百分率计)。

②对于预应力混凝土用砂,其氯离子含量不得大于0.02%(以干砂质量百分率计)。

(11)海砂中贝壳含量应符合表5-7的规定。

表5-7　海砂中贝壳含量

混凝土强度	≥C40	C35～C30	≤C25～C15
贝壳含量(按质量计%)	≤3	≤5	≤8

三、检验批的确定

使用单位应按砂或石的同产地同规格分批验收。采用大型工具(如火车、货船或汽车)运输的,应以400 m^3 或600 t为一验收批;采用小型工具(如拖拉机等)运输的,应以200 m^3 或300 t为一验收批。不足上述量者,应按一验收批进行验收。

当砂或石的质量比较稳定、进料量又较大时,可以1 000 t为一验收批。

四、取样

(1)从料堆山取样,取样部位应均匀分布。取样前应先将取样部位表层铲除,然后由各部位抽取大致相等的砂8份,组成一组样品。

(2)从皮带运输机上取样时,应在皮带运输机机头的出料处全断面随机抽取大致等量砂4份,组成一组样品。

(3)从火车、汽车、货船上取样时，应从不同部位和深度随机抽取大致相等的砂 8 份，组成一组样品。

(4)取样数量。

单项试验最少取样数量应符合表 5-8 的规定。当需要做几项检验时，如能保证样品经一项试验后不致影响另一项试验结果，用同一样品进行几项不同的试验。

表 5-8　每一单项检验项目所需砂的最少取样质量

检验项目	最少取样质量(g)
筛分析	4 400
表观密度	2 600
吸水率	4 000
紧密密度和堆积密度	5 000
含水率	1 000
含泥量	4 400
泥块含量	20 000
石粉含量	1 600
人工砂压碎值指标	分成公称粒级 5.00 ~ 2.50 mm; 2.50 ~ 1.25 mm; 1.25 mm ~ 630 μm;630 ~ 315 μm; 315 ~ 160 μm 每个粒级各需 100 g
有机物含量	2 000
云母含量	600
轻物质含量	3 200
坚固性	分成公称粒级 5.00 ~ 2.50 mm; 2.50 ~ 1.25 mm; 1.25 mm ~ 630 μm;630 ~ 315μm; 315 ~ 160 μm 每个粒级各需 100 g
硫化物及硫酸盐含量	50
氯离子含量	2 000
贝壳含量	10 000
碱活性	20 000

五、样品的缩分

(1)用分料器法缩分(见图 5-1)：将样品在潮湿状态下拌和均匀，然后将其通过分料器，留下两个接料斗中的一份，并将另一份再次通过分料器。重复上述过程，直至把样品缩分到试验所需量。

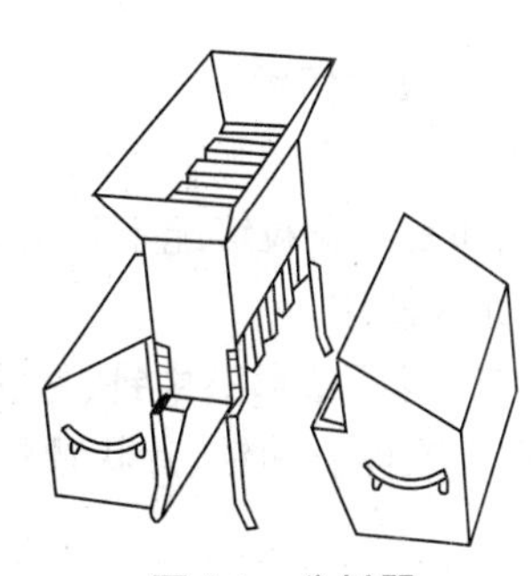

图 5-1　分料器

(2)人工四分法缩分：将样品置于平板上，在潮湿状态下拌和均匀，并堆成厚度约为 20 mm 的“圆饼”状，然后沿互相垂直的两条直径把“圆饼”分成大致相等的四份，取其对角的两份重新拌匀，再堆成圆饼"状。重复上述过程，直至把样品缩分后的材料量略多于进行试验所需量。

第二节　粗集料

一、石子的定义及分类

（一）定义

由天然岩石或卵石经破碎筛分而得，并且公称粒径大于 5.00 mm 的岩石颗粒，称为碎石。由自然条件形成的粒径大于 5.00 mm 的岩石颗粒称为卵石。

（二）分类

1. 按品种分

（1）碎石：指岩体或卵石经破碎筛分而成的粒径大于 5.00 mm 的碎块。

（2）卵石：指在自然条件作用下形成的，粒径大于 5.00 mm 的外形浑圆，少棱角的石子。

2. 按粒径规格尺寸分

按粒径规格尺寸分为单粒级和连续粒级。

二、石子选用的原则

（1）最大粒径尽量选用得大些。

（2）石子中公称粒径的上限为石子的最大粒径。

（3）在选用石子时，要考虑结构形式、配筋疏密、运输和施工条件进行选用：

①石子最大粒径不得超过结构截面最小尺寸的 1/4，同时不能大于钢筋间最小净距的 2/3。

②对于素混凝土实心板，可允许采用最大粒径达 1/2 的集料，但最大粒径不得超过 50 mm，对于少筋或无筋混凝土结构，应选用较大的粗集料。

③对于泵送混凝土，集料最大粒径与输送管内径之比，碎石不宜大于 1∶3，卵石不宜大于 1∶2.5。

④混凝土用石应采用连续粒级，当采用单粒级时，宜组合成满足要求的连续粒级；也可与连续粒级混合使用，以改善其级配或较大粒度的连续粒级。

三、石的质量要求

（一）颗粒级配

碎石或卵石的颗粒级配应符合表 5-12 的要求。

当卵石的颗粒级配不符合表 5-12 要求时，应采取措施并经试验证实能确保工程质量后，方允许使用。

（二）碎石或卵石中针、片状颗粒含量

碎石或卵石中针、片状颗粒含量应符合表 5-13 的规定。

表 5-12　碎石或卵石的颗粒级配范围

级配情况	公称粒径（mm）	累计筛余，按质量计（%）方孔筛筛孔边长尺寸（mm）											
		2.36	4.75	9.5	16.0	19.0	26.5	31.5	37.5	53	63	75	90
连续粒级	5～10	95～100	80～100	0～15	0	—	—	—	—	—	—	—	—
	5～16	95～100	85～100	30～60	0～10	0	—	—	—	—	—	—	—
	5～20	95～100	90～100	40～80		0～10	0	—	—	—	—	—	—
	5～25	95～100	90～100	—	30～70		0～5	0	-0	—	—	—	—
	5～31.5	95～100	95～100	70～90	—	15～45	—	0～5	0～5	—	—	—	—
	5～40		95～100	70～90	—	30～60	—	—	—	0	—	—	—
单粒级	10～20			85～100	—	0～15	0	—	75～100	—	—	—	—
	16～31.5			—	85～100	—	—	0～10	—	—	—	—	—
	20～40			95～100	—	80～100	—	—	37.5	0	—	—	—
	31.5～63			—	95～100	—	—	75～100	—	—	0～10	0	—
	40～80			—	—	95～100	—	—	—	—	30～60	0～10	0

表 5-13　针、片状颗粒含量

混凝土强度等级	≥C60	C55～C30	≤C25
针、片状颗粒含量（按质量计，%）	≤8	≤15	≤25

（三）碎石或卵石中含泥量

碎石或卵石中含泥量应符合表 5-14 的规定。

表 5-14　碎石或卵石中含泥量

混凝土强度等级	≥C60	C55～C30	≤C25
含泥量（按质量计，%）	≤0.5	≤1.0	≤2.0

对于有抗冻、抗渗或其他特殊要求的混凝土，其所用碎石或卵石中含泥量不应大于1.0%。当碎石或卵石的含泥是非勃土质的石粉时，其含泥量可由表 5-14 的 0.5%、1.0%、2.0% 分别提高到 1.0%、1.5%、3.0%。

（四）碎石或卵石中泥块含量

碎石或卵石中泥块含量应符合表 5-15 的规定。

表 5-15　碎石或卵石中泥块含量

混凝土强度等级	≥C60	C55～C30	≤C25	≥C60
含泥量（按质量计，%）	≤8	≤15	≤25	≤8

对于有抗冻、抗渗或其他特殊要求强度等级小于 C30 的混凝土，所用碎石或卵石中泥

块含量不应大于0.5%。

(五)碎石的强度

碎石的强度可用岩石的抗压强度和压碎值指标表示。岩石的抗压强度应比所配制的混凝土强度至少高20%。当混凝土强度等级大于或等于C60时,应进行岩石抗压强度检验。岩石强度首先应由生产单位提供,工程中可采用压碎值指标进行质量控制。碎石的压碎值指标宜符合表5-16的规定。

表5-16　碎石的压碎值指标

岩石品种	混凝土强度等级	碎石的压碎值指标(%)
沉积岩	≤C35	≤10
	C60~C40	≤16
变质岩或深成的火成岩	≤C35	≤12
	C60~C40	≤20
喷出的火成岩	≤C35	≤13
	C60~C40	≤30

注:沉积岩包括石灰岩、砂岩等;变质岩包括片麻岩、石英岩等;深成的火成岩包括花岗凹面、正长岩、闪长岩和橄揽岩等;喷出的火成岩包括玄武岩和辉绿岩等。

卵石的强度可用压碎指标表示。其压碎值指标宜符合表5-17的规定。

表5-17　卵石的压碎值指标

混凝土强度等级	C60~C40	≤C35
压碎值指标(%)	≤12	≤16

(六)碎石或卵石的坚固性

碎石或卵石的坚固性应用硫酸钠溶液法检验,试样经5次循环后,其质量损失尖符合表5-18的规定。

表5-18　碎石或卵石的坚固性指标

混凝土所处的环境条件及其性能要求	5次循环后的质量损失(%)
在严寒及寒冷地区室外使用并经常处于潮湿或干湿交替状态下的混凝土 对于有抗疲劳、耐磨、抗冲击要求的混凝土有腐蚀介质作用或经常处于水位变化区的地下结构混凝土	≤8
其他条件下使用的混凝土	≤12

(七)硫化物和硫酸盐含量

碎石或卵石中的硫化物和硫酸盐含量以及卵石中有机物等有害物质含量,应符表5-19的规定。

表 5-19　碎石或卵石中的有害物质含量

项目	质量要求
硫化物及硫酸盐含量(折算成 SO_3,按质量计,%)	≤1.0
卵石中有机物含量(用比色法试验)	颜色应不深于标准色。当颜色深于标准色时,应配制成混凝土进行强度对比试验,抗压强度比应不低于 0.95

当碎石或卵石中含有颗粒状硫酸盐或硫化物杂质时,应进行专门检验.确认能满足混凝土耐久性要求后,方可采用。

(八)重要结构混凝土用碎石或卵石

对于长期处于潮湿环境的重要结构混凝土,它所使用的碎石或卵石应进行碱活性检验。

进行碱活性检验时,首先应采用岩相法检验碱活性集料的品种、类型和数量。当检验出集料中含有活性氧化硅时,应采用快速砂浆棒法和砂浆长度法进行碱活性检验;当检验出集料中含有活性碳酸盐时,应采用岩石柱法进行碱活性检验。

经上述检验,当判定集料存在潜在碱—碳酸盐反应危害时,不宜用做混凝土集料; 否则,应通过专门的混凝土试验,作最后评定。

当判定集料存在潜在碱—硅反应危害时,应控制混凝土中的碱含量不超过 3 kg/m^3,或采用能抑制碱集料反应的有效措施。

第六章 混凝土外加剂

第一节 概 述

一、定义

混凝土外加剂是一种在混凝土搅拌之前或拌制过程中加入的、用以改善新拌混凝土和(或)硬化混凝土性能的材料。

二、分类

混凝土外加剂按其主要使用功能分为四类:

(1)改善混凝土拌和物流变性能的外加剂,包括各种减水剂和泵送剂等。

(2)调节混凝土凝结时间、硬化性能的外加剂,包括缓凝剂、促凝剂和速凝剂等。

(3)改善混凝土耐久性的外加剂,包括引气剂、防水剂和矿物外加剂等。

(4)改善混凝土其他性能的外加剂,包括膨胀剂、防冻剂、着色剂等。

三、外加剂的种类、命名与特点

外加剂按其主要功能分类,每一类不同的外加剂均由某种主要化学成分组成。市售的外加剂可能都复合有不同的组成材料。

(一)高性能减水剂

高性能减水剂是国内外近年来开发的新型外加剂品种,目前主要为聚羧酸盐类产品。它具有"梳妆"的结构特点,由带有游离的羧酸阴离子团的主链和聚氧乙烯基侧链组成,用改变单体的种类、比例和反应条件可生产出各种不同性能和特性的高性能减水剂。早强型、标准型和缓凝型高性能减水剂可由分子设计引入不同功能团而生产,也可掺入不同组分复配而成。

高性能减水剂是指比高效减水剂具有更高减水率、更好坍落度保持性能、较小干燥收缩,且具有一定引气性能的减水剂。其主要特点为:

(1)掺量低(按照固体含量计算,一般为胶凝材料质量的0.15%~0.25%),减水率高。

(2)混凝土拌和物工作性及工作性保持性较好。

(3)外加剂中氯离子和碱含量较低。

(4)用其配制的混凝土收缩率较小,可改善混凝土的体积稳定性和耐久性。

(5)对水泥的适应性较好。

(6)生产和使用过程中不污染环境,是环保型的外加剂。

(二)高效减水剂

高效减水剂是指在混凝土坍落度基本相同的条件下,能大幅度减少拌和用水量的外加剂。高效减水剂不同于普通减水剂,具有较高的减水率,较低的引气量,是我国使用量大、面广的外加剂品种。目前,我国使用的高效减水剂品种较多,主要有下列几种:

(1)萘系减水剂。

(2)氨基磺酸盐系减水剂。

(3)脂肪族(醛酮缩合物)减水剂。

(4)密胺系及改性密胺系减水剂。

(5)蒽系减水剂。

(6)洗油系减水剂。

缓凝型高效减水剂是指兼有缓凝功能和高效减水功能,以上述各种高效减水剂为主要组分,再复合各种适量的缓凝组分或其他功能性组分而成的外加剂。

(三)普通减水剂

普通减水剂是指在混凝土坍落度基本相同的条件下,能减少拌和用水量的外加剂。普通减水剂的主要成分为木质素磺酸盐,通常由亚硫酸盐法生产纸浆的副产品制得。常用的有木钙、木钠和木镁。它具有一定的缓凝、减水和引气作用。以其为原料,加入不同类型的调凝剂,可制得不同类型的减水剂,如早强型、标准型和缓凝型的减水剂。

(四)引气减水剂

引气减水剂是兼有引气和减水功能的外加剂。它是由引气剂与减水剂复合组成的,根据工程要求不同,性能有一定的差异。

(五)泵送剂

泵送剂是指能改善混凝土拌和物泵送性能的外加剂。它由减水剂、调凝剂、引气剂、润滑剂等多种组分复合而成。根据工程要求,其产品性能有所差异。

(六)早强剂

早强剂是能加速水泥水化和硬化,促进混凝土早期强度增长的外加剂。可缩短混凝土养护龄期,加快施工进度,提高模板和场地周转率。早强剂主要是无机盐类、有机物等,但现在使用越来越多的是各种复合型早强剂。

(七)缓凝剂

缓凝剂是可在较长时间内保持混凝土工作性能,延缓混凝土凝结和硬化时间的外加剂。缓凝剂的种类较多,可分为有机和无机两大类。主要有:

(1)糖类及碳水化合物,如淀粉、纤维素的衍生物等。

(2)羟基羧酸,如柠檬酸、酒石酸、葡萄糖酸及其盐类。

(3)可溶硼酸盐和磷酸盐等。

(八)引气剂

引气剂是一种在砂浆或混凝土搅拌过程中能引入大量均匀分布、稳定而封闭的微小气泡,而且在硬化后能保留在其中的外加剂。引气剂的种类较多,主要有:

(1)可溶性树脂酸盐(松香酸)。

(2)文沙尔树脂。

(3)皂化的吐尔油。

(4)十二烷基磺酸钠。

(5)十二烷基苯磺酸钠。

(6)磺化石油羟类的可溶性盐等。

(九)防水剂

防水剂是指能降低砂浆、混凝土在静水压力下的透水性的外加剂。其品种有：

(1)无机化合物类：氯化铁、硅灰粉末、锆化合物等。

(2)有机化合物类：脂肪族及其盐类、有机硅表面活性剂(甲基硅醇钠、乙基硅醇钠、聚乙基羟基硅氧烷)、石蜡、地沥青、橡胶及水溶性树脂乳液等。

(3)混合物类：无机类混合物、有机类混合物、无机类与有机类混合物。

(4)复合类：上述各类与引气剂、减水剂、调凝剂等外加剂复合的复合型防水剂。

(十)防冻剂

防冻剂是指能使混凝土在负温下硬化，并在规定养护条件下达到预期性能的外加剂。防冻剂按其成分可分为强电解质无机盐类(氯盐类、氯盐阻锈类、无氯盐类)、水溶性有机化合物类、有机化合物与无机盐复合类、复合型防冻剂。

(1)氯盐类：以氯盐(如氯化钠、氯化钙等)为防冻组分的外加剂。

(2)氯盐阻锈类：含有阻锈组分，并以氯盐为防冻组分的外加剂。

(3)无氯盐类：以亚硝酸盐、硝酸盐等无机盐为防冻组分的外加剂。

(4)有机化合物类：以某些醇类、尿素等有机化合物为防冻组分的外加剂。

(5)复合型防冻剂：以防冻组分复合早强、引气、减水等组分的外加剂。

(十一)膨胀剂

膨胀剂是指与水泥、水拌和后经水化反应生成钙矾石、氢氧化钙或钙矾石和氢氧化钙，使混凝土产生体积膨胀的外加剂。混凝土膨胀剂按水化产物分为硫铝酸钙类混凝土膨胀剂(代号A)、氧化钙类混凝土膨胀剂(代号C)和硫铝酸钙—氧化钙类混凝土膨胀剂(代号AC)三类。

四、混凝土外加剂的主要功能

(1)改善混凝土或砂浆拌和物施工时的和易性。

(2)提高混凝土或砂浆的强度及其他物理力学性能。

(3)节约水泥或代替特种水泥。

(4)加速混凝土或砂浆的早期强度发展。

(5)调节混凝土或砂浆的凝结硬化速度。

(6)调节混凝土或砂浆的含气量。

(7)降低水泥初期水化热或延缓水化放热。

(8)改善拌和物的泌水性。

(9)提高混凝土或砂浆耐各种侵蚀性盐类的腐蚀性。

(10)减弱碱集料反应。

(11)改善混凝土或砂浆的毛细孔结构。

(12)改善混凝土的泵送性。

(13)提高钢筋的抗锈蚀能力。

(14)提高集料与砂浆界面的黏结力,提高钢筋与混凝土的握裹力。

(15)提高新老混凝土界面的黏结力等。

五、影响水泥和外加剂适应性的主要因素

水泥与外加剂的适应性是一个十分复杂的问题,至少受到下列因素的影响。

(1)水泥:矿物组成、细度、游离氧化钙含量、石膏加入量及形态、水泥熟料碱含量、碱的硫酸饱和度、混合材料种类及掺量、水泥助磨剂等。

(2)外加剂的种类和掺量:如萘系减水剂的分子结构,包括磺化度、平均分子量、分子量分布、聚合性能、平衡离子的种类等。

(3)混凝土配合比,尤其是水胶比、矿物外加剂的品种和掺量。

(4)混凝土搅拌时的加料程序、搅拌时的温度、搅拌机的类型等。

遇到水泥和外加剂不适应的问题,必须通过试验,对不适应因素逐个排除,找出其原因。

六、应用外加剂主要注意事项

外加剂的使用效果受到多种因素的影响,因此选用外加剂时应特别予以注意。

(1)外加剂的品种应根据工程设计和施工要求选择。应使用工程原材料,通过试验及技术经济比较后确定。

(2)几种外加剂复合使用时,应注意不同品种外加剂之间的相容性及对混凝土性能的影响。使用前应进行试验,满足要求后,方可使用。如聚羧酸系高性能减水剂与萘系减水剂不宜复合使用。

(3)严禁使用对人体产生危害,对环境产生污染的外加剂。用户应注意工厂提供的混凝土外加剂安全防护措施的有关资料,并遵照执行。

(4)对钢筋混凝土和有耐久性要求的混凝土,应按有关标准规定严格控制混凝土中氯离子的含量和碱的含量。混凝土中氯离子含量和总碱量是指其各种原材料所含氯离子和碱含量之和。

(5)由于聚羧酸系高性能减水剂的掺加量对其性能影响较大,用户应注意准确计量。

第二节　技术要求

外加剂的性能一般包括受检混凝土(按照标准规定的试验条件配制的掺有外加剂的混凝土)的性能和匀质性两部分。

一、高性能减水剂、高效减水剂、普通减水剂、引气减水剂、泵送剂、早强剂、缓凝剂、引气剂

(一)受检混凝土的性能指标

掺外加剂混凝土的性能应符合表 6-1 的要求。

(二)匀质性指标

匀质性指标应符合表 6-2 的要求。

表 6-1 掺外加剂混凝土的性能指标

项目		外加剂品种												
		高性能减水剂 HPWR			高效减水剂 HWR		普通减水剂 WR			引气减水剂 AEWR	泵送剂 PA	早强剂 Ac	缓凝剂 Re	引气剂 AE
		早强型 HPWR-A	标准型 HPWR-S	缓凝型 HPWR-R	标准型 HWR-S	缓凝型 HWR-R	早强型 WR-A	标准型 WR-S	缓凝型 WR-R					
减水率(%),不小于		25	25	25	14	14	8	8	8	10	12	—	—	6
泌水率比(%),不大于		50	60	70	90	100	95	100	100	70	70	100	100	70
含气量(%)		≤6.0	≤6.0	≤6.0	≤3.0	≤4.5	≤4.0	≤4.0	≤5.5	≥3.0	≤5.5	—	—	≥3.0
凝结时间之差(min)	初凝	-90 ~ +90	-90 ~ +120	> +90	90 ~ +120	> +90	-90 ~ +90	-90 ~ +120	> +90	-90 ~ +120	—	-90 ~ +90	> +90	-90 ~ +120
	终凝			—		—			—			—	—	
1 h 经时变化量	坍落度(mm)	—	≤80	≤60	—	—	—	—	—	—	≤80	—	—	—
	含气量(%)	—	—	—						-1.5 ~ +1.5	—			-1.5 ~ +1.5
抗压强度比(%),不小于	1d	180	170	—	140	—	135	—	—	—	—	135	—	—
	3 d	170	160	—	130	—	130	115	—	115	—	130	—	95
	7 d	145	150	140	125	125	110	115	110	110	115	110	100	95
	28 d	130	140	130	120	120	100	110	110	100	110	100	100	90
收缩率比(%),不大于	28 d	110	110	110	135	135	135	135	135	135	135	135	135	135
相对耐久性(%)(200 次),不小于		—	—	—	—	—	—	—	—	80	—	—	—	80

注:1. 抗压强度比、收缩率比、相对耐久性为强制性指标,其余为推荐性指标。
2. 除含气量和相对耐久性外,表中所列数据为掺外加剂混凝土与基准混凝土的差值或比值。
3. 凝结时间之差性能指标中的“-”号表示提前,“+”号表示延缓。
4. 相对耐久性(200 次)性能指标中的“不小于 80”表示将 28 d 龄期的受检混凝土试件快速冻融循环 200 次后,动弹性模量保留值≥80%。
5. 1 h 含气量经时变化量指标中的“-”号表示含气量增加,“+”号表示含气量减少。
6. 其他品种的外加剂是否需要测定相对耐久性指标,由供需双方协商确定。
7. 当用户对泵送剂等产品有特殊要求时,需要进行的补充试验项目、试验方法及指标,由供需双方协商确定。

表 6-2　匀质性指标

试验项目	指标
氯离子含量(%)	不超过生产厂控制值
总减量(%)	不超过生产厂控制值
含固量(%)	$S>25\%$ 时,应控制在 $0.95S \sim 1.05S$; $S \leqslant 25\%$ 时,应控制在 $0.90S \sim 1.10S$
含水率(%)	$W>5\%$ 时,应控制在 $0.90W \sim 1.10W$ $S \leqslant 5\%$ 时,应控制在 $0.80W \sim 1.20W$
密度(g/cm^3)	$D>1.1$ 时,应控制在 $D \pm 0.03$ $D \leqslant 1.1$ 时,应控制在 $D \pm 0.02$
细度	应在生产厂控制范围内
pH 值	应在生产厂控制值范围内
硫酸钠含量(%)	不超过生产厂控制值

注:1. 生产厂应在相关的技术资料中明示产品匀质性指标的控制值。

2. 对相同和不同批次之间的匀质性和等效性的其他要求,可由供需双方商定。

3. 表中的 S、W 和 D 分别为含固量、含水率和密度的生产厂控制值。

二、砂浆、混凝土防水剂

(一)受检砂浆的性能指标

受检砂浆的性能指标应符合表 6-3 的规定。

表 6-3　受检砂浆的性能指标

试验项目		性能指标	
		一等品	合格品
安定性		合格	合格
凝结时间	初凝(min),≥	45	45
	终凝(h),≤	10	10
抗压强度比(%),≥	7 d	100	85
	28 d	90	80
透水压力比(%),≥		300	200
吸水量比(48 h)(%),≤		65	75
收缩率比(28 d)(%),≤		125	135

注:安定性和凝结时间为受检净浆的试验结果,其他项目数据均为受检砂浆与基准砂浆的比值。

(二)受检混凝土的性能指标

受检混凝土的性能指标应符合表 6-4 的规定。

表 6-4　受检混凝土的性能指标

试验项目		性能指标	
		一等品	合格品
安定性		合格	合格
凝结时间(min),≥	初凝	-90[a]	-90
抗压强度比(%),≥	3 d	100	90
	7 d	110	100
	28 d	100	90
渗透高度比(%),≤		30	40
吸水量比(48 h)(%),≤		65	75
收缩率比(28 d)(%),≤		125	135

注:安定性为受检净浆的试验结果,凝结时间差为受检混凝土与基准混凝土的差值,表中其他数据为受检混凝土与基准混凝土的比值。

[a] "-"表示提前。

(三)匀质性指标

匀质性指标应符合表 6-5 的规定。

表 6-5　匀质性指标

试验项目	指标	
	液体	粉体
密度(g/cm^3)	$D>1.1$ 时,要求为 $D\pm0.03$ $D\leq1.1$ 时,要求为 $D\pm0.02$ D 是生产厂提供的密度值	—
氯离子含量(%)	应小于生产厂最大控制值	应小于生产厂最大控制值
总碱量(%)	应小于生产厂最大控制值	应小于生产厂最大控制值
细度(%)	—	0.315 mm 筛筛余应小于 15%
含水率(%)	—	$W\geq5\%$ 时,$090W\leq X<1.10W$; $W<5\%$ 时,$090W\leq X<1.20W$; W 是生产厂提供的含水率(质量)(%) X 是测试的含水率(质量)(%)
固体含量(%)	$S\geq20\%$,$095S\leq X<1.05S$; $S<20\%$,$090S\leq X<1.10S$; S 是生产厂提供的固体含量(质量)(%) X 是测试的固体含量(质量)(%)	

注:生产厂应在产品说明书中明示产品匀质性指标的控制值。

三、混凝土防冻剂

(一)掺防冻剂混凝土性能

掺防冻剂混凝土性能应符合表 6-6 的要求。

表 6-6　掺防冻剂混凝土性能

序号	试验项目		性能指标					
			一等品			合格品		
1	减水率(%),≥		10			—		
2	泌水率比(%),≤		80			100		
3	含气量(%),≥		2.5			2.0		
4	凝结时间差(min)	初凝	-150～+150			-210～+210		
		终凝						
5	抗压强度比(%),≥	规定温度(℃)	-5	-10	-15	-5	-10	-15
		R_{-7}	20	12	10	20	10	8
		R_{28}	100		95	95		90
		R_{-7+28}	95	90	85	90	85	80
		R_{-7+56}	100			100		
6	28 d 收缩率比(%),≤		135					
7	渗透高度比(%),≤		100					
8	50 次冻融强度损失率比(%),≤		100					
9	对钢筋锈蚀作用		应说明对钢筋有无锈蚀作用					

(二)防冻剂的匀质性

防冻剂的匀质性指标应符合表 6-7 的要求。

表 6-7　防冻剂的匀质性指标

序号	试验项目	指标
1	固体含量(%)	液体防冻剂: $S \geqslant 20\%$,$0.95S \leqslant X < 1.05S$ $S < 20\%$,$0.90S \leqslant X < 1.10S$ S 是生产厂提供的固体含量(质量)(%),X 是测试的固体含量(质量)(%)
2	含水率(%)	粉状防冻剂: $W \geqslant 5\%$,$0.90W \leqslant X < 1.10W$ $W < 5\%$,$0.80W \leqslant X < 1.20W$ W 是生产厂提供的含水率(质量)(%) X 是测试的含水率(质量)(%)
3	密度	液体防冻剂: $D > 1.1$ 时,要求为 $D \pm 0.03$ $D \leqslant 1.1$ 时,要求为 $D \pm 0.02$ D 是生产厂提供的密度值
4	氯离子含量(%)	无氯盐防冻剂:≤0.1%(质量百分比)
		其他防冻剂:不超过生产厂控制值
5	碱含量(%)	不超过生产厂提供的最大值
6	水泥净浆流动度(mm)	应不小于生产厂控制值的 95%
7	细度(%)	粉状防冻剂细度应不超过生产厂提供的最大值

(三)释放氨量

含有氨或氨基类的防冻剂释放氨量应符合 GB 18588—2001 规定的限值。

四、混凝土膨胀剂

(一)化学成分

1. 氧化镁

混凝土膨胀剂中的氧化镁含量应不大于5%。

2. 碱含量(选择性指标)

混凝土膨胀剂中的碱含量按 $Na_2O+0.658K_2O$ 计算值表示。若使用活性集料,用户要求提供低碱混凝土膨胀剂时,混凝土膨胀剂中的碱含量应不大于0.75%,或由供需双方协商确定。

(二)物理性能

混凝土膨胀剂的物理性能指标应符合表6-8的规定。

表6-8 混凝土膨胀剂性能指标

项目		指标值	
		Ⅰ型	Ⅱ型
细度	比表面积(m^2/kg),≥	200	
	1.18 mm 筛筛余(%),≤	0.5	
凝结时间	初凝(min),≥	45	
	终凝(min),≤	600	
限制膨胀率(%)	水中7 d,≥	0.025	0.050
	空气中21 d,≥	-0.020	-0.010
抗压强度(MPa)	7 d,≥	20.0	
	28 d,≥	40.0	

注:本表中的限制膨胀率为强制性指标,其余为推荐性指标。

第三节 试验方法

一、高性能减水剂、高效减水剂、普通减水剂、引气减水剂、泵送剂、早强剂、缓凝剂、引气剂

(一)受检混凝土性能

1. 材料

1)水泥

混凝土外加剂性能检验应采用基准水泥。基准水泥是检验混凝土外加剂性能的专用水泥,是由符合下列品质指标的硅酸盐水泥熟料与二水石膏共同粉磨而成的强度等级为42.5

级的P·Ⅰ型硅酸盐水泥。基准水泥必须由经中国建材联合会混凝土外加剂分会与有关单位共同确认具备生产条件的工厂供给。

(1)品质指标(除满足强度等级为42.5级的硅酸盐水泥技术要求外)。

①熟料中铝酸三钙(C_3A)含量6%~8%。

②熟料中硅酸三钙(C_3S)含量55%~60%。

③熟料中游离氧化钙(fCaO)含量不得超过1.2%。

④水泥中碱($Na_2O+0.658K_2O$)含量不得超过1.0%。

⑤水泥比表面积$(350\pm10)\ m^2/kg$。

(2)验收规则。

①基准水泥出厂15 t为一批号。每一批号应取三个有代表性的样品,分别测定比表面积,测定结果均须符合规定。

②凡不符合强度等级为42.5级的P·Ⅰ型硅酸盐水泥及品质指标中任何一项规定时,均不得出厂。

(3)包装及储运。

采用结实牢固和密封良好的塑料桶包装。每桶净重(25±0.5)kg,桶中须有合格证,注明生产日期、批号。有效储存期为自生产之日起半年。

2)砂

符合GB/T 14684—2011中Ⅱ区要求的中砂,但细度模数为2.6~2.9,含泥量小于1%。

3)石子

符合GB/T 14685—2011要求的公称粒径为5~20 mm的碎石或卵石,采用二级配,其中5~10 mm占40%,10~20 mm占60%,满足连续级配要求,针片状物质含量小于10%,空隙率小于47%,含泥量小于0.5%。如有争议,以碎石结果为准。

4)水

符合JGJ 63—2006混凝土拌和用水的技术要求。

5)外加剂

需要检测的外加剂。

2.配合比

基准混凝土配合比按JGJ 55—2011进行设计。掺非引气型外加剂的受检混凝土和其对应的基准混凝土的水泥、砂、石的比例相同。配合比设计应符合以下规定:

(1)水泥用量。掺高性能减水剂或泵送剂的基准混凝土和受检混凝土的单位水泥用量为360 kg/m^3,掺其他外加剂的基准混凝土和受检混凝土的单位水泥用量为330 kg/m^3。

(2)砂率。掺高性能减水剂或泵送剂的基准混凝土和受检混凝土的砂率均为43%~47%,掺其他外加剂的基准混凝土和受检混凝土的砂率为36%~40%;但掺引气减水剂或引气剂的受检混凝土的砂率应比基准混凝土的砂率低1%~3%。

(3)外加剂掺量。按生产厂家指定掺量。

(4)用水量。掺高性能减水剂或泵送剂的基准混凝土和受检混凝土的坍落度控制在(210±10)mm,用水量为坍落度在(210±10)mm时的最小用水量;掺其他外加剂的基准混凝土和受检混凝土的坍落度控制在(80±10)mm。

用水量包括液体外加剂、砂、石材料中所含的水量。

3. 混凝土搅拌

采用符合 JG 244—2009 要求的公称容量为 60 L 的单卧轴式强制搅拌机。搅拌机的拌和量应不小于 20 L,不宜大于 45 L。

外加剂为粉状时,将水泥、砂、石、外加剂一次投入搅拌机,干拌均匀,再加入拌和水,一起搅拌 2 min。外加剂为液体时,将水泥、砂、石一次投入搅拌机,干拌均匀,再加入掺有外加剂的拌和水一起搅拌 2 min。

出料后,在铁板上用人工翻拌至均匀,再进行试验。各种混凝土试验材料及环境温度均应保持在(20 ±3)℃。

4. 试件制作及试验所需试件数量

1)试件制作

混凝土试件制作及养护按 GB/T 50081—2002 进行,但混凝土预养温度为(20 ±3)℃。

2)试验项目及数量

试验项目及数量详见表 6-9。

表 6-9 试验项目及数量

试验项目		外加剂类别	试验类别	试验所需数量			
				混凝土拌和批数	每批取样数目	基准混凝土总取样数目	基准混凝土总取样数目
减水率		除早强剂、缓凝剂外的各种外加剂	混凝土拌和物	3	1 次	3 次	3 次
泌水率比		各种外加剂	混凝土拌和物	3	1 个	3 个	3 个
含气量		各种外加剂	混凝土拌和物	3	1 个	3 个	3 个
凝结时间差		各种外加剂	混凝土拌和物	3	1 个	3 个	3 个
1 h 经时变化量	坍落度	高性能减水剂、泵送剂	混凝土拌和物	3	1 个	3 个	3 个
1 h 经时变化量	含气量	引气剂、引气减水剂	混凝土拌和物	3	1 个	3 个	3 个
抗压强度比		各种外加剂	硬化混凝土	3	6、9 或 12 块	18、27 或 36 块	18、27 或 36 块
收缩率比		各种外加剂	硬化混凝土	3	1 条	3 条	3 条
相对耐久性		引气剂、引气减水剂	硬化混凝土	3	1 条	3 条	3 条

注:1. 试验时,检验同一种外加剂的三批混凝土的制作宜在开始试验一周内的不同日期完成,对比的基准混凝土和受检混凝土应同时成型。

2. 试验龄期参考表 6-1 的试验项目栏。

3. 试验前后应仔细观察试样,对有明显缺陷的试样和试验结果都应舍除。

5. 混凝土拌和物性能试验方法

1)坍落度和坍落度 1 h 经时变化量测定

每批混凝土取一个试样。坍落度和坍落度 1 h 经时变化量均以三次试验结果的平均值表示。三次试验的最大值和最小值与中间值之差有一个超过 10 mm 时,将最大值和最小值一并舍去,取中间值作为该批的试验结果;最大值和最小值与中间值之差均超过 10 mm 时,则应重做。

坍落度及坍落度 1 h 经时变化量测定值以 mm 表示,结果修约到 5 mm。

(1)坍落度测定。

混凝土坍落度按照 GB/T 50080—2002 测定；但坍落度为(210±10)mm 的混凝土，分两层装料，每层装入高度为筒高的一半，每层用插捣棒插捣 15 次。

(2)坍落度 1 h 经时变化量测定。

当要求测定此项时，应将按要求搅拌的混凝土留下足够一次混凝土坍落度的试验数量，并装入用湿布擦过的试样筒内，容器加盖，静置至 1 h(从加水搅拌时开始计算)，然后倒出，在铁板上用铁锹翻拌至均匀后，再按照坍落度测定方法测定坍落度。计算出机时和 1 h 之后的坍落度的差值，即得到坍落度的经时变化量。

坍落度 1 h 经时变化量按下式计算：

$$\Delta Sl = Sl_0 - Sl_{1\ \mathrm{h}} \tag{6-1}$$

式中 ΔSl——坍落度经时变化量，mm；

Sl_0——出机时测得的坍落度，mm；

$Sl_{1\ \mathrm{h}}$——1 h 后测得的坍落度，mm。

2)减水率测定

减水率为坍落度基本相同时，基准混凝土和受检混凝土单位用水量之差与基准混凝土单位用水量之比。减水率按式(6-2)计算，应精确到 0.1%。

$$W_{\mathrm{R}} = \frac{W_0 - W_1}{W_0} \times 100\% \tag{6-2}$$

式中 W_{R}——减水率(%)；

W_0——基准混凝土单位用水量，$\mathrm{kg/m^3}$；

W_1——受检混凝土单位用水量，$\mathrm{kg/m^3}$。

W_{R} 以三批试验的算术平均值计，精确到 1%。若三批试验的最大值或最小值中有一个与中间值之差超过中间值的 15%，则把最大值与最小值一并舍去，取中间值作为该组试验的减水率。若有两个测值与中间值之差均超过中间值的 15%，则该批试验结果无效，应该重做。

3)泌水率比测定

泌水率比按式(6-3)计算，应精确到 1%。

$$R_{\mathrm{B}} = \frac{B_{\mathrm{t}}}{B_{\mathrm{c}}} \times 100\% \tag{6-3}$$

式中 R_{B}——泌水率比(%)；

B_{t}——受检混凝土泌水率(%)；

B_{c}——基准混凝土泌水率(%)。

6. 硬化混凝土性能试验方法

1)抗压强度比测定

抗压强度比以掺外加剂混凝土与基准混凝土同龄期抗压强度之比表示，按式(6-4)计算，精确到 1%。

$$R_{\mathrm{f}} = \frac{f_{\mathrm{t}}}{f_{\mathrm{c}}} \times 100\% \tag{6-4}$$

式中 R_{f}——抗压强度比(%)；

f_{t}——受检混凝土的抗压强度，MPa；

f_c——基准混凝土的抗压强度,MPa。

受检混凝土与基准混凝土的抗压强度按 GB/T 50081—2002 进行试验和计算。试件制作时,用振动台振动 15 ~ 20 s。试件预养温度为(20 ± 3)℃。试验结果以三批试验测值的平均值表示,若三批试验中有一批的最大值或最小值与中间值的差值超过中间值的 15%,则把最大值与最小值一并舍去,取中间值作为该批试验结果。如有两批测值与中间值的差均超过中间值的 15%,则试验结果无效,应该重做。

2)收缩率比测定

收缩率比以 28 d 龄期时受检混凝土与基准混凝土的收缩率的比值表示,按式(6-5)计算:

$$R_{\varepsilon} = \frac{\varepsilon_t}{\varepsilon_c} \times 100\% \tag{6-5}$$

式中 R_{ε}——收缩率比(%);

ε_t——受检混凝土的收缩率(%);

ε_c——基准混凝土的收缩率(%)。

受检混凝土及基准混凝土的收缩率按 GB/T 50082—2002 测定和计算。试验用振动台成型,振动 15 ~ 20 s。每批混凝土拌和物取一个试样,以三个试样收缩率比的算术平均值表示,计算精确到 1%。

3)相对耐久性试验

按 GB/T 50082—2002 进行,试件采用振动台成型,振动 15 ~ 20 s,标准养护 28 d 后进行冻融循环试验(快冻法)。

相对耐久性指标是以掺外加剂混凝土冻融 200 次后的动弹性模量是否不小于 80% 来评定外加剂的质量。每批混凝土拌和物取一个试样,相对动弹性模量以三个试件测值的算术平均值表示。

(二)匀质性试验方法

1.氯离子含量测定(电位滴定法)

1)试验步骤

(1)准确称取外加剂试样 0.500 0 ~ 5.000 0 g,放入烧杯中,加 200 mL 水和 4 mL 硝酸(1 + 1),使溶液呈酸性,搅拌至完全溶解,如不能完全溶解,可用快速定性滤纸过滤,并用蒸馏水洗涤残渣至无氯离子。

(2)用移液管加入 10 mL 0.100 0 mol/L 的氯化钠标准溶液,烧杯内加入电磁搅拌子,将烧杯放在电磁搅拌器上,开动搅拌器并插入银电极(或氯电极)及甘汞电极,两电极与电位计或酸度计相连接,用硝酸银溶液缓慢滴定,记录电势和对应的滴定管读数。

由于接近等当点时,电势增加很快,此时要缓慢滴加硝酸银溶液,每次定量加入 0.1 mL,当电势发生突变时,表示等当点已过,此时继续滴入硝酸银溶液,直至电势变化趋向平稳,得到第一个终点时硝酸银溶液消耗的体积 V_1。

(3)在同一溶液中,用移液管再加入 10 mL 0.100 0 mol/L 氯化钠标准溶液(此时溶液电势降低),继续用硝酸银溶液滴定,直至第二个等当点出现,记录电势和对应的 0.1 mol/L 硝酸银溶液消耗的体积 V_2。

(4)空白试验。在干净的烧杯中加入 200 mL 水和 4 mL 硝酸(1 + 1)。用移液管加入 10

mL 0.100 0 mol/L 的氯化钠标准溶液，在不加入试样的情况下，在电磁搅拌下，缓慢滴加硝酸银溶液，记录电势和对应的滴定管读数，直至第一个终点出现。过等当点后，在同一溶液中，再用移液管加入 10 mL 0.100 0 mol/L 氯化钠标准溶液，继续用硝酸银溶液滴定至第二个终点，用二次微商法计算出硝酸银溶液消耗的体积 V_{01}、V_{02}。

2）结果表示

用二次微商法计算结果，通过电压对体积二次导数（即 $\Delta^2 E/\Delta V^2$）变成零的办法来求出滴定终点。假如在邻近等当点时，每次加入的硝酸银溶液是相等的，此函数（$\Delta^2 E/\Delta V^2$）必定会在正负两个符号发生变化的体积之间的某一点变成零，对应这一点的体积即为终点体积，可用内插法求得。

外加剂中氯离子所消耗的硝酸银体积 V 按式(6-6)计算

$$V = \frac{(V_1 - V_{01}) + (V_2 - V_{02})}{2} \tag{6-6}$$

式中 V_1——试样溶液加 10 mL 0.100 0 mol/L 氯化钠标准溶液所消耗的硝酸银溶液体积，mL；

V_2——试样溶液加 20 mL 0.100 0 mol/L 氯化钠标准溶液所消耗的硝酸银溶液体积，mL。

3）允许差

(1)室内允许差为 0.05%。

(2)室间允许差为 0.08%。

2. 含固量的测定

1）试验步骤

(1)将洁净带盖称量瓶放入烘箱内，于 100 ~ 105 ℃烘 30 min，取出置于干燥器内，冷却 30 min 后称量，重复上述步骤直至恒量，称其质量为 m_0。

(2)将被测试样装入已经恒量的称量瓶内，盖上盖称出试样及称量瓶的总质量为 m_1。

试样称量：固体产品 1.000 0 ~ 2.000 0 g，液体产品 3.000 0 ~ 5.000 0 g。

(3)将盛有试样的称量瓶放入烘箱内，开启瓶盖，升温至 100 ~ 105 ℃（特殊品种除外）烘干，盖上盖置于干燥器内冷却 30 min 后称量，重复上述步骤直至恒量，称其质量为 m_2。

2）结果表示

固体含量 $X_{固}$ 按式(6-7)计算

$$X_{固} = \frac{m_2 - m_0}{m_1 - m_0} \times 100\% \tag{6-7}$$

式中 $X_{固}$——固体含量(%)；

m_0——称量瓶的质量，g；

m_1——称量瓶加试样的质量，g；

m_2——称量瓶加烘干后试样的质量，g。

3）允许差

(1)室内允许差为 0.30%。

(2)室间允许差为 0.50%。

3. 密度的测定(比重瓶法)

1) 试验步骤

(1)比重瓶容积的校正。

比重瓶依次用水、乙醇、丙酮和乙醚洗涤并吹干,塞子连瓶一起放入干燥器内,取出、称量比重瓶的质量为 m_0,直至恒量。然后将预先煮沸并经冷却的水装入瓶内,塞上塞子,使多余的水分从塞子毛细管流出,用吸水纸吸干瓶外的水,注意不能让吸水纸吸出塞子毛细管里的水,水要保持与毛细管上口相平,立即在天平上称出比重瓶装满水后的质量 m_1。

容积 V 按式(6-8)计算

$$V = \frac{m_1 - m_0}{0.9982} \tag{6-8}$$

式中 V——比重瓶在 20 ℃时的容积,mL;

m_0——干燥的比重瓶质量,g;

m_1——比重瓶盛满 20 ℃水后的质量,g;

0.998 2——20 ℃时纯水的密度,g/mL。

(2)外加剂溶液密度 ρ 的测定。

将已校正 V 值的比重瓶洗净、干燥、灌满被测溶液,塞上塞子后浸入(20 ± 1) ℃超级恒温器内,恒温 20 min 后取出,,用吸水纸吸干瓶外的水及由毛细管溢出的溶液后,在天平上称出比重瓶装满外加剂溶液后的质量为 m_2。

2)结果表示

外加剂溶液的密度 ρ 按式(6-9)计算

$$\rho = \frac{m_2 - m_0}{V} = \frac{m_2 - m_0}{m_1 - m_0} \times 0.9982 \tag{6-9}$$

式中 ρ——20 ℃时外加剂溶液的密度,g/mL;

m_2——比重瓶装满 20 ℃外加剂溶液后的质量,g;

其他符号含义同前。

3)允许差

(1)室内允许差为 0.001 g/mL。

(2)室间允许差为 0.002 g/mL。

4. 细度的测定

1)试验步骤

外加剂试样应充分拌匀并经 100 ~ 105 ℃(特殊品种除外)烘干,称取烘干试样 10 g 倒入筛内,用人工筛样,将近筛完时,必须一手执筛往复摇动,一手拍打,摇动速度约 120 次/min。其间,筛子应向一定方向旋转数次,使试样分散在筛布上,直至每分钟通过质量不超过 0.05 g 时称量筛余物,称准至 0.1 g。

2)结果表示

细度用筛余物的百分含量(%)表示,按式(6-10)计算

$$筛余物的百分含量 = \frac{m_1}{m_0} \times 100\% \tag{6-10}$$

式中 m_1——筛余物质量,g;

m_0——试样质量，g。

3）允许差

（1）室内允许差为 0.40%。

（2）室间允许差为 0.60%。

5. pH 值的测定

1）测试步骤

（1）校正。按仪器的出厂说明书校正仪器。

（2）测量。当仪器校正好后，先用水，再用测试溶液冲洗电极，然后将电极浸入被测溶液中轻轻摇动试杯，使溶液摇匀。待到酸度计的读数稳定 1 min，记录读数。测量结束后，用水冲洗电极，以待下次测量。

2）结果表示

酸度计测出的结果即为溶液的 pH 值。

3）允许差

（1）室内允许差为 0.2。

（2）室间允许差为 0.5。

6. 硫酸钠含量测定

硫酸钠含量测定方法分为重量法和离子交换重量法。采用重量法测定，试样加入氯化铵溶液沉淀处理过程中，发现絮凝物而不易过滤时改用离子交换重量法。

1）试验步骤

重量法的试验步骤如下：

（1）准确称取试样约 0.5 g，于 400 mL 烧杯中，加入 200 mL 水搅拌溶解，再加入氯化铵溶液 50 mL，加热煮沸后，用快速定性滤纸过滤，用水洗涤数次后，将滤液浓缩至 200 mL 左右，滴加盐酸（1+1）至浓缩滤液显示酸性，再多加 5～10 滴盐酸，煮沸后在不断搅拌下趁热滴加氯化钡溶液 10 mL，继续煮沸 15 min，取下烧杯，置于加热板上，保持 50～60 ℃静置 2～4 h 或常温静置 8 h。

（2）用两张慢速定量滤纸过滤，烧杯中的沉淀用 70 ℃水洗净，使沉淀全部转移到滤纸上，用温热水洗涤沉淀至无氯离子为止（用硝酸银溶液检验）。

（3）将沉淀物从滤纸移入预先灼烧恒重的坩埚中，小火烘干、灰化。

（4）在 800 ℃电阻高温炉中灼烧 30 min，然后在干燥器里冷却至室温（约 30 min），取出称量，再将坩埚放回高温炉中，灼烧 20 min，取出冷却至室温称量，如此反复直至恒量（连续两次称量之差小于 0.000 5 g）。

2）结果表示

硫酸钠含量 $X_{Na_2SO_4}$ 按式（6-11）计算

$$X_{Na_2SO_4} = \frac{(m_2 - m_1) \times 0.6086}{m} \times 100\% \tag{6-11}$$

式中 $X_{Na_2SO_4}$——外加剂中硫酸钠含量（%）；

m——试样质量，g；

m_1——空坩埚质量，g；

m_2——灼烧后滤渣加坩埚质量，g；

0.608 6——硫酸钡换算成硫酸钠的系数。

3)允许差

(1)室内允许差为0.50%。

(2)室间允许差为0.80%。

7.碱含量的测定

1)试验步骤

(1)工作曲线的绘制。分别向100 mL容量瓶中注入0.00 mL、1.00 mL、2.00 mL、4.00 mL、8.00 mL、12.00 mL的氧化钾、氧化钠标准溶液(分别相当于氧化钾、氧化钠各0.00 mg、0.50 mg、1.00 mg、2.00 mg、4.00 mg、6.00 mg),用水稀释至标线,摇匀,然后分别于火焰光度计上按仪器使用规程进行测定,根据测得的检流计读数与溶液的浓度关系,分别绘制氧化钾及氧化钠的工作曲线。

(2)准确称取一定量的试样置于150 mL的瓷蒸发皿中,用80 ℃左右的热水湿润并稀释至30 mL,置于电热板上加热蒸发,保持微沸5 min后取下,冷却,加1滴甲基红指示剂,滴加氨水(1+1),使溶液呈黄色;加入10 mL碳酸铵溶液,搅拌,置于电热板上加热并保持微沸10 min,用中速滤纸过滤,以热水洗涤,滤液及洗液盛于容量瓶中,冷却至室温,以盐酸(1+1)中和至溶液呈红色,然后用水稀释至标线,摇匀,以火焰光度计按仪器使用规程进行测定。称样量及稀释倍数见表6-10。

表6-10　称样量及稀释倍数

总碱量(%)	称样量(g)	稀释体积(mL)	稀释倍数 n
1.00	0.2	100	1
1.00~5.00	0.1	250	2.5
5.00~10.00	0.05	250或500	2.5或5.0
大于10.00	0.05	500或1 000	5.0或10.0

2)结果表示

(1)氧化钾及氧化钠含量计算。

氧化钾含量 X_{K_2O} 按式(6-12)计算:

$$X_{K_2O} = \frac{c_1 n}{m \times 1\,000} \times 100\% \tag{6-12}$$

式中　X_{K_2O}——外加剂中氧化钾含量(%);

c_1——在工作曲线上查得每100 mL被测定液中氧化钾的含量,mg;

n——被测溶液的稀释倍数;

m——试样质量,g。

氧化钠含量 X_{Na_2O} 按式(6-13)计算:

$$X_{Na_2O} = \frac{c_2 n}{m \times 1\,000} \times 100\% \tag{6-13}$$

式中　X_{K_2O}——外加剂中氧化钠含量(%);

c_2——在工作曲线上查得每100 mL被测定液中氧化钠的含量,mg。

(2)$X_{总碱量}$按式(6-14)计算：

$$X_{总碱量} = 0.658X_{K_2O} + X_{Na_2O} \quad (6\text{-}14)$$

式中　$X_{总碱量}$——外加剂中的总碱量(%)。

3)允许差。

总碱量的允许差见表6-11。

表6-11　总碱量的允许差

总碱量(%)	室内允许差(%)	室间允许差(%)
1.00	0.10	0.15
1.00～5.00	0.20	0.30
5.00～10.00	0.30	0.50
大于10.00	0.50	0.80

注:1.矿物质的混凝土外加剂,如膨胀剂等,不在此范围之内。

2.总碱量的测定亦可采用原子吸收光谱法,参见GB/T 176—2008。

8.水泥净浆流动度的测定

1)试验步骤

(1)将玻璃板放置在水平位置,用湿布抹擦玻璃板、截锥圆模、搅拌器及搅拌锅,使其表面湿而不带水渍。将截锥圆模放在玻璃板的中央,并用湿布覆盖待用。

(2)称取水泥300 g,倒入搅拌锅内,加入推荐量的外加剂及87 g或105 g水,搅拌3 min。

(3)将拌好的净浆迅速注入截锥圆模内,用刮刀刮平,将截锥圆模按垂直方向提起,同时开启秒表计时,任水泥净浆在玻璃板上流淌,至30 s,用直尺量取流淌部分互相垂直的两个方向的最大直径,取平均值作为水泥净浆流动度。

2)结果表示

表示净浆流动度时,需注明用水量,所用水泥的强度等级、名称、型号及生产厂和外加剂掺量。

3)允许差

(1)室内允许差为5 mm。

(2)室间允许差为10 mm。

二、砂浆、混凝土防水剂

(一)受检砂浆的性能

1.材料和配比

(1)水泥应为符合本节"一、(一)1.1)"规定的水泥,砂应为符合GB 178规定的标准砂。

(2)水泥与标准砂的质量比为1∶3,用水量根据各项试验要求确定。

(3)防水剂掺量采用生产厂家的推荐掺量。

2.搅拌、成型和养护

(1)采用机械搅拌或人工搅拌。粉状防水剂掺入水泥中,液体或膏状防水剂掺入拌和水中。先将干物料干拌至均匀后,再加入拌和水搅拌均匀。

(2)在(20±3)℃环境温度下成型,采用混凝土振动台振动15 s。然后静停(24±2)h脱模。如果是缓凝型产品,需要时可适当延长脱模时间。随后将试件在(20±2)℃、相对湿度大于95%的条件下养护至龄期。

3. 试验项目和数量

试验项目和数量见表6-12。

表6-12　砂浆试验项目及数量

试验项目	试验类别	试验所需试件数量			
		砂浆(净浆)拌和次数	每拌取样数	基准砂浆取样数	基准砂浆取样数
安定性	净浆	3	1次	0	1个
凝结时间	净浆		1次	0	1个
抗压强度比	硬化砂浆	3	6块	12块	12块
吸水量比(48 h)	硬化砂浆			6块	6块
透水压力比	硬化砂浆		2块	6块	6块
收缩率比(28 d)	硬化砂浆		1块	3块	3块

4. 净浆安定性和凝结时间

净浆安定性和凝结时间按照GB/T 1346—2011进行试验。

5. 抗压强度比

1)试验步骤

按照GB/T 2419—2005确定基准砂浆和受检砂浆的用水量,水泥和砂的比例为1∶3,将二者流动度均控制在(140±5) mm。试验共进行3次,每次用有底试模成型70.7 mm×70.7 mm×70.7 mm的基准和受检试件各两组,每组6块,两组试件分别养护至7 d、28 d,测定抗压强度。

2)结果计算

砂浆试件的抗压强度按式(6-15)计算:

$$f_{m} = \frac{P_{m}}{A_{m}} \tag{6-15}$$

式中　f_m——受检砂浆或基准砂浆7 d或28 d的抗压强度,MPa;

P_m——破坏荷载,N;

A_m——试件的受压面积,mm^2。

抗压强度比按式(6-16)计算:

$$R_{fm} = \frac{f_{tm}}{f_{rm}} \times 100\% \tag{6-16}$$

式中　R_{fm}——砂浆的7 d或28 d抗压强度比(%);

f_{tm}——不同龄期(7 d或28 d)的受检砂浆的抗压强度,MPa;

f_{rm}——不同龄期(7 d或28 d)的基准砂浆的抗压强度,MPa。

6. 透水压力比

1)试验步骤

按GB/T 2419—2005确定基准砂浆和受检砂浆的用水量,二者保持相同的流动度,并以基准砂浆在0.3~0.4 MPa压力下透水为准,确定水灰比。用上口直径70 mm、下口直径80

mm、高 30 mm 的截头圆锥带底金属试模成型基准和受检试样,成型后用塑料布将试件盖好静停。脱模后放入(20 ±2)℃的水中养护至 7 d,取出待表面干燥后,用密封材料密封装入渗透仪中进行透水试验。水压从 0.2 MPa 开始,恒压 2 h,增至 0.3 MPa,以后每隔 1 h 增加水压 0.1 MPa。当 6 个试件中有 3 个试件端面呈现渗水现象时,即可停止试验,记下当时的水压值。若加压至 1.5 MPa,恒压 1 h 还未透水,应停止升压。砂浆透水压力为每组 6 个试件中 4 个未出现渗水时的最大水压力。

2)结果计算

透水压力比按式(6-17)计算,精确至 1%:

$$R_{pm} = \frac{p_{tm}}{p_{rm}} \times 100\% \tag{6-17}$$

式中 R_{pm}——受检砂浆与基准砂浆透水压力比(%);

p_{tm}——受检砂浆的透水压力, MPa;

p_{rm}——基准砂浆的透水压力, MPa。

7. 吸水量比(48 h)

1)试验步骤

按照抗压强度试件的成型和养护方法成型基准试件和受检试件。养护 28 d 后,取出试件,在 75 ~80 ℃温度下烘干(48 ±0.5)h 后称量,然后将试件放入水槽。试件的成型面朝下放置,下部用两根Φ 10 的钢筋垫起,试件浸入水中的高度为 35 mm。要经常加水,并在水槽上要求的水面高度处开溢水孔,以保持水面恒定。水槽应加盖,放在温度为(20 ±3)℃、相对湿度 80% 以上的恒温室中,试件表面不得有结露或水滴。然后在(48 ±0.5)h 时取出,用挤干的湿布擦去表面的水,称量并记录。称量采用感量 1 g、最大称量范围为 1 000 g 的天平。

2)结果计算

吸水量按照式(6-18)计算:

$$W_{m} = M_{m1} - M_{m0} \tag{6-18}$$

式中 W_{m}——砂浆试件的吸水量,g;

M_{m1}——砂浆试件吸水后质量,g;

M_{m0}——砂浆试件干燥后质量,g。

结果以 6 块试件的平均值表示,精确至 1 g。吸水量比按照式(6-19)计算,精确至 1%:

$$R_{wm} = \frac{W_{tm}}{W_{rm}} \times 100\% \tag{6-19}$$

式中 R_{wm}——受检砂浆与基准砂浆吸水量比(%);

W_{tm}——受检砂浆的吸水量,g;

W_{rm}——基准砂浆的吸水量,g。

8. 收缩率比(28 d)

1)试验步骤

按照本节“二、(一)、5.1)试验步骤”确定的配比,JGJ/T 70 试验方法测定基准和受检砂浆试件的收缩值,测定龄期为 28 d。

2)结果计算

收缩率比按照式(6-20)计算,精确至 1%:

$$R_{tm} = \frac{\varepsilon_{tm}}{\varepsilon_{rm}} \times 100\% \quad (6\text{-}20)$$

式中 R_{tm}——受检砂浆与基准砂浆 28 d 收缩率比(%)；

ε_{tm}——受检砂浆的收缩率(%)；

ε_{rm}——基准砂浆的收缩率(%)。

(二)受检混凝土的性能

1. 材料和配比

试验用各种原材料应符合本节"一、(一)、1 材料"的规定。防水剂掺量为生产厂的推荐掺量。基准混凝土与受检混凝土的配合比设计、搅拌应符合本节"一、(一)2. 配合比"规定,但混凝土坍落度可以选择(80±10)mm 或者(180±10)mm。当采用(180±10)mm 坍落度的混凝土时,砂率宜为 38%~42%。

2. 试验项目和数量

混凝土试验项目和数量见表 6-13。

表 6-13 混凝土试验项目和数量

试验项目	试验类别	试验所需试件数量			
		混凝土拌和次数	每拌取样数	基准混凝土取样数	受检混凝土取样数
安定性	净浆	3	1 个	0	3 个
泌水率比	新拌混凝土	3	1 次	3 次	3 次
凝结时间差	新拌混凝土		1 次	3 次	3 次
抗压强度比	硬化混凝土		6 块	18 块	18 块
渗透高度比	硬化混凝土		2 块	6 块	6 块
吸水量比	硬化混凝土		1 块	3 块	3 块
收缩率比	硬化混凝土		1 块	3 块	3 块

3. 安定性

净浆安定性按照 GB/T 1346—2011 规定进行试验。

4. 泌水率比、凝结时间差、抗压强度比、收缩率比

分别按照本节"一、(一)5. 3)泌水率比测定、5)凝结时间差测定和 6. 1)抗压强度比测定、6. 2)收缩率比测定"规定进行试验。

5. 渗透高度比

1)试验步骤

渗透高度比试验的混凝土一律采用坍落度为(180±10)mm 的配合比。参照 GB/T 50082—2002 规定的抗渗透性能试验方法,但初始压力为 0. 4 MPa,若基准混凝土在 1. 2 MPa 以下的某个压力透水,则受检混凝土也加到这个压力,并保持相同时间,然后劈开,在底边均匀取 10 点,测定平均渗透高度。若基准混凝土和受检混凝土在 1. 2 MPa 时都未透水,则停止升压,劈开,如上所述测定平均渗透高度。

2)结果计算

渗透高度比按照式(6-21)计算,精确至 1%：

$$R_{hc} = \frac{H_{tc}}{H_{rc}} \times 100\% \tag{6-21}$$

式中 R_{hc}——受检混凝土与基准混凝土渗透高度之比(%);

H_{tc}——受检混凝土的渗透高度,mm;

H_{rc}——基准混凝土的渗透高度,mm。

6. 吸水量比

1)试验步骤

按照抗压强度试件的成型和养护方法成型基准试件和受检试件。养护28 d后取出在75~80 ℃温度下烘(48±0.5)h后称量,然后将试件放入水槽中。试件的成型面朝下放置,下部用两根Φ10的钢筋垫起,试件浸入水中的高度为50 mm。要经常加水,并在水槽上要求的水面高度处开溢水孔,以保持水面恒定。水槽应加盖,放在温度为(20±3)℃、相对湿度80%以上的恒温室中,试件表面不得有结露或水滴。在(48±0.5)h时取出,用挤干的湿布擦去表面的水,称量并记录。称量采用感量1 g、最大称量范围为5 000 g的天平。

2)结果计算

混凝土试件的吸水量按照式(6-22)计算

$$W_c = M_{c1} - M_{c0} \tag{6-22}$$

式中 W_c——混凝土试件的吸水量,g;

M_{c1}——混凝土试件吸水后质量,g;

M_{c0}——混凝土试件干燥后质量,g。

结果以3块试件的平均值表示,精确至1 g。吸水量比按照式(6-32)计算,精确至1%。

(三)匀质性

(1)含水率按照本节“三、(二)防冻剂匀质性”中含水率的测定方法进行。

(2)矿物膨胀型防水剂的碱含量按GB/T 176—2008进行测定。

(3)其他性能按照本章第三节“一、(二)匀质性试验方法”规定的方法进行试验。

(四)检验规则

1. 检验分类

(1)检验分出厂检验和型式检验两种。

(2)出厂检验项目包括表6-5规定的项目。

(3)型式检验项目包括表6-3~表6-5全部性能指标。有下列情况之一时,应进行型式检验:

①新产品或老产品转产生产的试制定型鉴定。

②正式生产后,如材料、工艺有较大改变,可能影响产品性能时。

③正常生产时,一年至少进行一次检验。

④产品长期停产后,恢复生产时。

⑤出厂检验结果与上次型式检验有较大差异时。

⑥国家质量监督机构提出进行型式检验要求时。

2. 组批与抽样

(1)试样分点样和混合样。点样是在一次生产产品时所取得的一个试样。混合样是三个或更多的点样等量均匀混合而取得的试样。

(2)生产厂应根据产量和生产设备条件,将产品分批编号。年产不小于500 t的每50 t为一批;年产500 t以下的每30 t为一批;不足50 t或者30 t的,也按照一个批量计。同一批号的产品必须混合均匀。

(3)每一批号取样量不少于0.2 t水泥所需用的外加剂量。

(4)每一批取样应充分混匀,分为两等份,其中一份按表6-3～表6-5规定的项目进行试验,另一份密封保存半年,以备有疑问时,提交国家指定的检验机关进行复验或仲裁。

3. 判定规则

(1)出厂检验判定。型式检验报告在有效期内,且出厂检验结果符合表6-5的要求,可判定出厂检验合格。

(2)型式检验判定。砂浆防水剂各项性能指标符合表6-3和表6-5的技术要求,可判定为相应等级的产品。混凝土防水剂各项性能指标符合表6-4和表6-5的技术要求,可判定为相应等级的产品。如不符合上述要求,则判该批号产品不合格。

三、混凝土防冻剂

(一)掺防冻剂混凝土性能

1. 材料、配合比及搅拌

按本节"一、(一)1. 材料 2. 配合比 3. 混凝土搅拌"的规定进行,混凝土的坍落度控制为(80±10)mm。

2. 试验项目及试件数量

掺防冻剂混凝土的试验项目及试件数量按表6-14规定。

表6-14 掺防冻剂混凝土的试验项目及试件数量

试验项目	试验类别	试验所需试件数量			
		拌和批数	每批取样数目	受检混凝土取样总数目	基准混凝土取样总数目
减水率	混凝土拌和物	3	1次	3次	3次
泌水率比	混凝土拌和物	3	1次	3次	3次
含气量	混凝土拌和物	3	1次	3次	3次
凝结时间差	混凝土拌和物	3	1次	3次	3次
抗压强度比	硬化混凝土	3	12/3块[a]	36块	9块
收缩率比	硬化混凝土	3	1块	3块	3块
抗渗高度比	硬化混凝土	3	2块	6块	6块
50次冻融强度损失率比	硬化混凝土	3	6块	6块	6块
钢筋锈蚀	新拌或硬化砂浆	3	1块	3块	—

注:a表示受检混凝土12块,基准混凝土3块。

3. 混凝土拌和物性能

减水率、泌水率比、含气量和凝结时间差按照本节"一、(一)5.2)减水率测定、3)泌水率比测定、4)含气量和含气量1 h经时变化量的测定、5)凝结时间差的测定"进行测定和计算。

坍落度试验应在混凝土出机后 5 min 内完成。

4. 硬化混凝土性能

1）试件制作

基准混凝土试件和受检混凝土试件应同时制作。混凝土试件制作及养护参照 GB/T 50081—2002 进行，但掺与不掺防冻剂混凝土坍落度为（80 ± 10）mm，试件制作采用振动台振实，振动时间为 10 ~ 15 s。掺防冻剂的受检混凝土试件在（20 ± 3）℃环境温度下按照表 6-15规定的时间预养后移入冰箱（或冰室）内并用塑料布覆盖试件，其环境温度应于 3 ~ 4 h 内均匀地降至规定温度，养护 7 d 后（从成型加水时间算起）脱模，放置在（20 ± 3）℃环境温度下解冻，解冻时间按表 6-15 的规定。解冻后进行抗压强度试验或转标准养护。

表 6-15　不同规定温度下混凝土试件的预养和解冻时间

防冻剂的规定温度（℃）	预养时间（h）	M（℃·h）	解冻时间（h）
-5	6	180	6
-10	5	150	5
-15	4	120	4

注：试件预养时间也可按 $M = \sum (T + 10)\Delta t$ 来控制，式中，M 为度时积，T 为温度，Δt 为温度 T 的持续时间。

2）抗压强度比

受检标养混凝土、受检负温混凝土与基准混凝土在不同条件下的抗压强度之比表示如下

$$R_{28} = \frac{f_{\mathrm{cA}}}{f_{\mathrm{c}}} \times 100\% \tag{6-23}$$

$$R_{-7} = \frac{f_{\mathrm{AT}}}{f_{\mathrm{c}}} \times 100\% \tag{6-24}$$

$$R_{-7+28} = \frac{f_{\mathrm{AT}}}{f_{\mathrm{c}}} \times 100\% \tag{6-25}$$

$$R_{-7+56} = \frac{f_{\mathrm{AT}}}{f_{\mathrm{c}}} \times 100\% \tag{6-26}$$

式中　R_{28}——受检混凝土与基准混凝土标养 28 d 的抗压强度之比（%）；

f_{cA}——受检混凝土标准养护 28 d 的抗压强度，MPa；

f_{c}——基准混凝土标准养护 28 d 的抗压强度，MPa；

R_{-7}——受检负温混凝土负温养护 7 d 的抗压强度与基准混凝土标养 28 d 的抗压强度之比（%）；

f_{AT}——不同龄期（R_{-7}，R_{-7+28}，R_{-7+56}）的受检混凝土的抗压强度，MPa；

R_{-7+28}——受检负温混凝土在规定温度下负温养护 7 d 再转标准养护 28 d 的抗压强度与基准混凝土标准养护 28 d 的抗压强度之比（%）；

R_{-7+56}——受检负温混凝土在规定温度下负温养护 7 d 再转标准养护 56 d 的抗压强度与基准混凝土标准养护 28 d 的抗压强度之比（%）。

受检混凝土和基准混凝土每组 3 块试件，强度数据取值原则同 GB/T 50081—2002 规定。受检混凝土和基准混凝土以三组试验结果强度的平均值计算抗压强度比，结果精确到 1%。

3）收缩率比

收缩率参照 GB/T 50082—2002，基准混凝土试件应在 3 d（从搅拌混凝土加水时算起）从标准养护室取出移入恒温恒湿室内 3～4 h 测定初始长度，再经 28 d 后测量其长度。受检负温混凝土，在规定温度下养护 7 d，拆模后先标准养护 3 d，从标准养护室取出后移入恒温恒湿室内 3～4 h 测定初始长度，再经 28 d 后测量其长度。

以 3 个试件测值的算术平均值作为该混凝土的收缩率，按式（6-37）计算收缩率比，精确至 1%

4）渗透高度比

基准混凝土标准养护龄期为 28 d，受检负温混凝土龄期为（－7＋56）d 时分别参照 GB/T 50082—2002 进行抗渗性能试验，但按 0.2 MPa、0.4 MPa、0.6 MPa、0.8 MPa、1.0 MPa 加压，每级恒压 8 h，加压到 1.0 MPa 为止。取下试件，将其劈开，测试试件 10 个等分点渗透高度的平均值，以一组 6 个试件测值的平均值作为试验结果，按式（6-27）计算渗透高度比，精确至 1%

$$H_r = \frac{H_{AT}}{H_c} \times 100\% \tag{6-27}$$

式中 H_r——渗透高度比（%）；

H_{AT}——受检负温混凝土 6 个试件测试值的平均值，mm；

H_c——基准混凝土 6 个试件测试值的平均值，mm。

5）50 次冻融强度损失率比

参照 GB/T 50082—2002 进行试验并计算强度损失率。基准混凝土在标养 28 d 后进行冻融试验。受检负温混凝土在龄期为（－7＋28）d 进行冻融试验。根据计算出的强度损失率再按式（6-28）计算受检负温混凝土与基准混凝土强度损失率之比，计算精确至 1%

$$D_r = \frac{\Delta f_{AT}}{\Delta f_c} \times 100\% \tag{6-28}$$

式中 D_r——50 次冻融强度损失率比（%）；

Δf_{AT}——受检负温混凝土 50 次冻融强度损失率（%）；

Δf_c——基准混凝土 50 次冻融强度损失率（%）。

6）钢筋锈蚀

钢筋锈蚀采用新拌和硬化砂浆中阳极极化曲线来测试，测试方法见 GB 8076—1997 附录 B 和附录 C。

（二）防冻剂匀质性

按表 6-7 规定的项目，生产厂根据不同产品按照“本节一、（二）匀质性试验方法”规定的方法进行匀质性项目试验。含水率的测定方法如下。

1.仪器

（1）分析天平（称量 200 g，分度值 0.1 mg）。

（2）鼓风电热恒温干燥箱。

（3）带盖称量瓶（ϕ25 mm×65 mm）。

（4）干燥器（内盛变色硅胶）。

2.试验步骤

（1）将洁净带盖的称量瓶放入烘箱内，于 105～110 ℃烘 30 min。取出置于干燥器内，冷却 30 min 后称量，重复上述步骤至恒量，称其质量为 m_2。

（2）称取防冻剂试样（10 ±0.2）g，装入已烘干至恒量的称量瓶内，盖上盖，称出试样及称量瓶总质量为 m_1。

（3）将盛有试样的称量瓶放入烘箱中，开启瓶盖升温至 105～110 ℃，恒温 2 h 取出，盖上盖，置于干燥器内，冷却 30 min 后称量，重复上述步骤至恒量（两次称量的质量差小于 0.3 mg），称其质量为 m_0。

3. 结果计算与评定

含水率按式（6-29）计算

$$X_{H_2O} = \frac{m_1 - m_2}{m_2 - m_0} \times 100\% \tag{6-29}$$

式中 X_{H_2O}——含水率（%）；

m_0——称量瓶的质量，g；

m_1——称量瓶加干燥前试样质量，g；

m_2——称量瓶加干燥后试样质量，g。

含水率试验结果以 3 个试样测试数据的算术平均值表示，计算精确至 0.1%。

（三）释放氨量

按照 GB 18588—2001 规定的方法测试。

（四）检验规则

1. 检验分类

1）出厂检验

出厂检验项目包括表 6-7 规定的匀质性试验项目（碱含量除外）。

2）型式检验

型式检验项目包括表 6-7 规定的匀质性试验项目和表 6-6 规定的掺防冻剂混凝土性能试验项目。有下列情况之一者，应进行型式检验：

（1）新产品或老产品转产生产的试制定型鉴定。

（2）正式生产后，如成分、材料、工艺有较大改变，可能影响产品性能时。

（3）正常生产时，一年至少进行一次检验。

（4）产品长期停产后，恢复生产时。

（5）出厂检验结果与上次型式检验有较大差异时。

（6）国家质量监督机构提出进行型式检验要求时。

2. 批量

同一品种的防冻剂，每 50 t 为一批，不足 50 t 也可作为一批。

3. 抽样及留样

取样应具有代表性，可连续取，也可以从 20 个以上不同部位取等量样品。液体防冻剂取样时应注意从容器上、中、下三层分别取样。每批取样量不少于 0.15 t 水泥所需用的防冻剂量（以其最大掺量计）。

每批取得的试样应充分混匀，分为两等份。一份按标准规定的方法项目进行试验，另一份密封保存半年，以备有争议时交国家指定的检验机构进行复验或仲裁。

4. 判定规则

产品经检验，混凝土拌和物的含气量、硬化混凝土性能(抗压强度比、收缩率比、抗渗高度比、50次冻融强度损失率比)、钢筋锈蚀全部符合表6-6、表6-7的要求，出厂检验结果符合表6-7的要求，则可判定为相应等级的产品。否则判为不合格品。

5. 复验

复验以封存样进行。如果使用单位要求用现场样，则可在生产单位和使用单位人员在场的情况下现场取平均样，但应事先在供货合同中规定。复验按照型式检验项目检验。

四、混凝土膨胀剂

(一)化学成分

氧化镁、碱含量按GB/T 176—2008进行。

(二)物理性能

1. 试验材料

1)水泥

采用符合本节“一、(一)1.1)水泥”规定的基准水泥。当得不到基准水泥时，允许采用由熟料与二水石膏共同粉磨而成的强度等级为42.5级的硅酸盐水泥，且熟料中C_3A含量为6%～8%，C_3S含量为55%～60%，游离氧化钙含量不超过1.2%，碱含量不超过0.7%，水泥的比表面积为$(350 \pm 10)\ m^2/kg$。

2)标准砂

符合GB/T 17671—2005要求。

3)水

水符合JGJ 63—2006要求。

2. 细度

比表面积测定按GB/T 8074—2008的规定进行。1.18 mm筛筛余测定采用GB/T 6003.1—1997规定的金属筛，参照GB/T 1345—2005中手工干筛法进行。

3. 凝结时间

凝结时间按GB/T 1346—2011进行，膨胀剂内掺10%。

4. 限制膨胀率

1)仪器

(1)搅拌机、振动台、试模及下料漏斗按GB/T 17671—2005规定。

(2)测量仪。

测量仪由千分表、支架和标准杆组成(见图6-1)，千分表的分辨率为0.001 mm。

(3)纵向限制器。

①纵向限制器由纵向钢丝与钢板焊接制成(见图6-2)。

②钢丝采用GB 4357—89规定的D级弹簧钢丝，铜焊处拉脱强度不低于785 MPa。

③纵向限制器不应变形，生产检验使用次数不应超过5次，仲裁检验不应超过1次。

2)温度、湿度

(1)实验室、养护箱、养护水的温度、湿度应符合GB/T 17671—2005的规定。

(2)恒温恒湿(箱)室温度为(20 ± 2)℃，湿度为(60 ± 5)%。

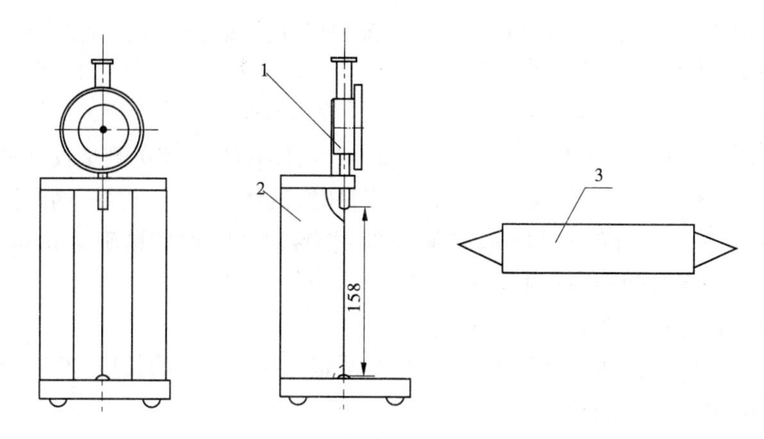

1—电子千分表;2—支架;3—标准杆

图 6-1　测量仪

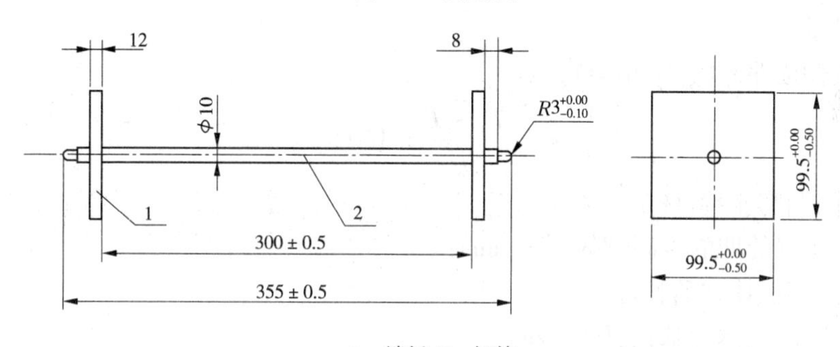

1—端板;2—钢筋

图 6-2　纵向限制器

(3)每日应检查并记录温度、湿度变化情况。

3)试体制备

(1)试验材料。

试验材料见本节“四、(二)1. 试验材料”。

(2)水泥胶砂配合比。

每成型 3 条试体需称量的材料和用量如表 6-16 所示。

表 6-16　限制膨胀率材料用量

材料	代号	材料质量
水泥(g)	C	607.5 ± 2.0
膨胀剂(g)	E	67.5 ± 0.2
标准砂(g)	S	1 350.0 ± 5.0
拌和水(g)	W	270.0 ± 1.0

注:$\frac{E}{C+E}=0.10$,$\frac{S}{C+E}=2.00$,$\frac{W}{C+E}=0.40$。

(3)水泥胶砂搅拌、试体成型。

水泥胶砂搅拌、试体成型按 GB/T 17671—2005 规定进行。同一条件下有 3 条试体供测长用,试体全长 158 mm,其中胶砂部分尺寸为 40 mm × 40 mm × 140 mm。

(4)试体脱模。

脱模时间以本节“四、(二)4.3)(2)水泥胶砂配合比”规定配合比试体的抗压强度达到(10 ±2)MPa 时的时间确定。

4)试体测长

测量前3 h,将测量仪、标准杆放在标准实验室内,用标准杆校正测量仪并调整千分表零点。测量前,将试体及测量仪侧头擦净。每次测量时,试体记有标志的一面与测量仪的相对位置必须一致,纵向限制器测头与测量仪测头应正确接触,读数应精确至 0.001 mm。不同龄期的试体应在规定时间 ±1 h 内测量。

试体脱模后在 1 h 内测量初始长度。

测量完初始长度的试体立即放入水中养护,测量水中第 7 d 的长度,然后放入恒温恒湿(箱)室养护,测量第 21 d 的长度。

养护时,应注意不损伤试体测头。试体之间应保持 15 mm 以上间隔,试体支点距限制钢板两端约 30 mm。

5)结果计算

各龄期限制膨胀率按式(6-30)计算

$$\varepsilon = \frac{L_1 - L}{L_0} \times 100\% \tag{6-30}$$

式中 ε——限制膨胀率(%);

L_1——所测龄期的限制试体长度,mm;

L——限制试体初始长度,mm;

L_0——限制试体的基长,140 mm。

取相近的两条试体测量值的平均值作为限制膨胀率测量结果,计算应精确至 0.001%。

5. 抗压强度

抗压强度按 GB/T 17671—2005 进行。

每成型 3 条试体需称量的材料及用量如表 6-17 所示。

表 6-17 抗压强度材料用量

材料	代号	材料质量
水泥(g)	C	405.0 ±2.0
膨胀剂(g)	E	45.0 ±0.1
标准砂(g)	S	1 350.0 ±5.0
拌和水(g)	W	225.0 ±1.0

注:$\frac{E}{C+E}=0.10$,$\frac{S}{C+E}=3.00$,$\frac{W}{C+E}=0.50$。

(三)检验规则

1. 检验分类

1)出厂检验

出厂检验项目为细度、凝结时间、水中 7 d 的限制膨胀率、抗压强度。

2)型式检验

型式检验项目包括本章第二节“四、(一)化学成分及(二)物理性能”规定的全部项目。有下列情况之一者,应进行型式检验:

(1)正常生产时,每半年至少进行一次检验。

(2)新产品或老产品转厂生产的试制定型鉴定。

(3)正式生产后,如材料、工艺有较大改变,可能影响产品性能时。

(4)产品长期停产后,恢复生产时。

(5)出厂检验结果与上次型式检验有较大差异时。

2. 编号及取样

膨胀剂按同类型编号和取样。袋装和散装膨胀剂应分别进行编号和取样。膨胀剂出厂编号按生产能力规定:当日产量超过200 t时,以不超过200 t为一编号;当不足200 t时,应以日产量为一编号。

每一编号为一取样单位,取样方法按GB/T 12573—2008进行。取样应具有代表性,可连续取,也可从20个以上不同部位取等量样品,总量不小于10 kg。

每一编号取得的试样应充分混匀,分为两等份:一份为检验样,一份为封存样,密封保存180 d。

3. 判定规则

试验结果符合本章第二节"四、(一)化学成分及(二)物理性能"全部规定指标时,判该批产品合格;否则为不合格,不合格品不得出厂。

4. 出厂检验报告

试验报告内容应包括出厂检验项目以及合同约定的其他技术要求。

生产厂应在产品发出之日起12 d内寄发除28 d抗压强度检验结果以外的各项检验结果,32 d内补报28 d强度检验结果。

第七章　混凝土

第一节　概　述

一、定义

混凝土是由胶凝材料、水、粗细集料，必要时掺入一定数量的化学外加剂和矿物质混合材料，按适当比例配合，经均匀搅拌、密实成型和养护硬化而成的人造石材。

二、混凝土的特点

（一）混凝土的优点

（1）原材料丰富、能耗低、成本低，适应性强，可就地取材。

（2）抗压强度高，耐久性好，施工方便，且能消纳大量的工业废料等。

（3）有较好的可塑性，可浇筑成各种形状和尺寸的构件与结构。

（4）根据不同的要求，配置不同性能的混凝土，具有良好的耐久性及经济性。

（5）与钢筋具有较强的锚固性能。

（二）混凝土的缺点

（1）自重大、抗拉强度小、比强度小。

（2）脆性大、易开裂、隔热保温性能差。

（3）施工周期长、影响质量因素多。

三、混凝土的分类

（一）按表观密度分

（1）普通混凝土 $\rho_0 = 2\ 000 \sim 2\ 800\ kg/m^3$。

（2）轻混凝土 $\rho_0 < 1\ 950\ kg/m^3$。

（3）重混凝土 $\rho_0 > 2\ 800\ kg/m^3$。

（二）按胶凝材料分

（1）水泥混凝土（普通混凝土）。

（2）石膏混凝土。

（3）沥青混凝土。

（4）树脂混凝土。

（5）聚合物水泥混凝土。

（三）按混凝土强度等级分

（1）低强度等级混凝土：强度等级≤C30。

（2）一般混凝土（即常用混凝土）：强度等级大于 C30 或小于 C60。

(3)高强混凝土:强度等级≥C60。

(4)超高强混凝土:强度等级≥C100。

(四)按施工工艺分

(1)普通浇筑混凝土。

(2)离心成型混凝土。

(3)喷射混凝土。

(4)泵送混凝土。

(5)碾压混凝土。

四、混凝土拌和物及其性质

混凝土各组成材料按一定比例,经搅拌均匀后,尚未凝结硬化的材料称为混凝土拌和物,又称混凝土混合物或新拌混凝土。

混凝土拌和物的各项性质将直接影响硬化混凝土的质量。

混凝土拌和物主要性质为和易性。和易性是指混凝土拌和物的施工操作难易程度和抵抗离析作用程度的性质。混凝土拌和物应具有良好的和易性。和易性是一个综合性的技术指标,它包括流动性、黏聚性、保水性等三个主要方面。

(一)流动性(稠度)

流动性(稠度)反映混凝土拌和物的稀稠。流动性是指混凝土拌和物在本身自重或施工机械振捣作用下,能产生流动并均匀密实地填满模板中各个角落的性能。混凝土拌和物流动性好,操作方便,易于捣实、成型。

(二)黏聚性

黏聚性反映混凝土拌和物的均匀性。黏聚性是指混凝土拌和物在施工过程中相互间有一定黏聚力,不分层,能保持整体均匀的性能。在外力作用下,混凝土拌和物各组成材料的沉降各不相同,如果配合比例不当,黏聚性差,则施工中易发生分层(即混凝土拌和物各组分出现层状分离现象)、离析(即混凝土拌和物内某些组分分离、析出现象)、泌水等情况,致使混凝土硬化后产生“峰窝”、“麻面”等缺陷,影响混凝土强度和耐久性。

(三)保水性

保水性反映混凝土拌和物的稳定性。保水性是指混凝土拌和物保持水分不易析出的能力。保水性差的混凝土拌和物,在运输与浇捣中,在凝结硬化前很易泌水(又称析水,从水泥浆中泌出部分拌和水的现象),并聚集到混凝土表面,引起表面疏松,或积聚在集料或钢筋的下表面形成孔隙,从而削弱了集料或钢筋与水泥石的黏结力,影响混凝土的质量。

第二节　混凝土拌和物性能的检测

一、目的及作用

为进一步规范混凝土试验方法,提高混凝土试验精度和试验水平,并在检验或控制混凝土工程或预制混凝土构件的质量时,有一个统一的混凝土拌和物性能试验方法。

二、适用范围

适用于建筑工程中的普通混凝土拌和物性能试验。

三、采用标准

《普通混凝土拌合物性能试验方法标准》(GB/T 50080—2002)。

四、取样

(1)同一组混凝土拌和物的取样应从同一盘混凝土或同一车混凝土中取样。取样量应多于试验所需量的1.5倍,且宜不小于20 L。

(2)混凝土拌和物的取样应具有代表性,宜采用多次取样的方法。一般在同一盘混凝土或同一车混凝土中的约1/4处、1/2处和3/4处之间分别取样,从第一次取样到最后一次取样不宜超过15 min,然后人工搅拌均匀。

(3)从取样完毕到开始做各项性能试验不宜超过5 min。

五、试样的制备

(1)在实验室制备混凝土拌和物时,拌和时实验室的温度应保持在(20±5)℃,所用材料的温度应与实验室温度保持一致。

注:需要模拟施工条件下所用的混凝土时,所用原材料的温度宜与施工现场保持一致。

(2)实验室拌和混凝土时,材料用量应以质量计。称量精度:集料为±1%;水、水泥、掺合料、外加剂均为±0.5%。

(3)混凝土拌和物的制备应符合《普通混凝土配合比设计规程》(JGJ 55—2011)中的有关规定。

(4)从试样制备完毕到开始做各项性能试验不宜超过5 min。

六、稠度试验

(一)坍落度和坍落扩展度试验

1.适用范围

本方法适用于集料最大粒径不大于40 mm、坍落度不小于10 mm的混凝土拌和物稠度测定。

2.采用标准

采用的标准为《普通混凝土拌合物性能试验方法标准》(GB/T 50080—2002)。

3.仪器设备

(1)坍落度筒:底部直径200 mm、顶部直径100 mm、高度300 mm、壁厚≥1.5 mm。

(2)捣棒:直径16 mm、长600 mm,端部应磨圆。

(3)小铲、钢直尺等。

4.试验步骤

(1)湿润坍落度筒及底板,在坍落度筒内壁和底板上应无明水。底板应放置在坚实水平面上,并把筒放在底板中心,然后用脚踩住两边的脚踏板,坍落度筒在装料时应保持固定的位置。

(2)把按要求取得的混凝土试样用小铲分三层均匀地装入筒内,使捣实后每层高度为筒高的1/3左右。每层用捣棒插捣25次。插捣应沿螺旋方向由外向中心进行,各次插捣应在截面上均匀分布。插捣筒边混凝土时,捣棒可以稍稍倾斜。插捣底层混凝土时,捣棒应贯穿整个深度,插捣第二层混凝土和顶层混凝土时,捣棒应插透本层混凝土至下一层混凝土的表面;浇灌顶层混凝土时,混凝土应灌到高出筒口。插捣过程中,如混凝土沉落到低于筒口,则应随时添加。顶层混凝土插捣完后,刮去多余的混凝土,并用抹刀抹平。

(3)清除筒边底板上的混凝土后,垂直平稳地提起坍落度筒。坍落度筒的提离过程应在5~10 s内完成;从开始装料到提坍落度筒的整个过程应不间断地进行,并应在150 s内完成。

5. 试验结果的评定

(1)提起坍落度筒后,测量筒高与坍落后混凝土试体最高点之间的高度差,即为该混凝土拌和物的坍落度值;坍落度筒提离后,如混凝土发生崩坍或一边剪坏现象,则应重新取样另行测定;如第二次试验仍出现上述现象,则表示该混凝土和易性不好,应予记录备查。

(2)观察坍落后的混凝土试体的黏聚性及保水性。黏聚性的检查方法是用捣棒在已坍落的混凝土锥体侧面轻轻敲打,此时如果锥体逐渐下沉,则表示黏聚性良好,如果锥体倒塌、部分崩裂或出现离析现象,则表示黏聚性不好。保水性以混凝土拌和物稀浆析出的程度来评定,坍落度筒提起后如有较多的稀浆从底部析出,锥体部分的混凝土也因失浆而集料外露,则表明此混凝土拌和物的保水性能不好;如坍落度筒提起后无稀浆或仅有少量稀浆自底部析出,则表明此混凝土拌和物保水性良好。

(3)当混凝土拌和物的坍落度大于220 mm时,用钢尺测量混凝土扩展后最终的最大直径和最小直径,在这两个直径之差小于50 mm的条件下,用其算术平均值作为坍落扩展度值;否则,此次试验无效。

如果发现粗集料在中央挤堆或边缘有水泥浆析出,表示此混凝土拌和物抗离析性不好,应予记录。

(4)混凝土拌和物坍落度和坍落扩展度值以mm为单位,测量精确至1 mm,结果表达修约至5 mm。

(二)维勃稠度试验

1. 适用范围

本方法适用于集料最大粒径不大于40 mm,维勃稠度为5~30 s的混凝土拌和物稠度测定。

2. 采用标准

采用标准为《普通混凝土拌合物性能试验方法标准》(GB/T 50080—2002)。

3. 仪器设备

(1)维勃稠度仪:应符合《维勃稠度仪》(JG 3043—1997)的技术要求。

(2)捣棒:直径16 mm、长600 mm的钢棒端部应磨圆。

4. 试验步骤

(1)维勃稠度仪应放置在坚实水平面上,用湿布把容器、坍落度筒、喂料斗内壁及其他用具润湿。

(2)将喂料斗提到坍落度筒上方扣紧，校正容器位置，使其中心与喂料中心重合，然后拧紧固定螺丝。

(3)把按要求取样或制作的混凝土拌和物试样用小铲分三层经喂料斗均匀地装入筒内，装料及插捣的方法应符合本节"六、(一)4(2)"的规定。

(4)把喂料斗转离，垂直提起坍落度筒，此时应注意不使混凝土试体产生横向的扭动。

(5)把透明圆盘转到混凝土圆台体顶面，放松测杆螺钉，降下圆盘，使其轻轻接触到混凝土顶面。

(6)拧紧定位螺钉，并检查测杆螺钉是否已经完全放松。

(7)在开启振动台的同时用秒表计时，振动到透明圆盘的底面被水泥浆布满的瞬间停止计时，并关闭振动台。

5. 试验结果的评定

由秒表读出时间即为该混凝土拌和物的维勃稠度值，精确至 1 s。

(三)凝结时间试验

1. 适用范围

适用于从混凝土拌和物中筛出的砂浆用贯入阻力法来确定坍落度值不为零的混凝土拌和物凝结时间的测定。

2. 采用标准

《普通混凝土拌合物性能试验方法标准》(GB/T 50080—2002)。

3. 仪器设备

贯入阻力仪应有加荷装置、测针、砂浆试样筒和标准筛组成，可以是手动的，也可以是自动的。贯入阻力仪应符合下列要求：

(1)加荷装置：最大测量值应不小于 1 000 N，精度为 ±10 N。

(2)测针：长为 100 mm，承压面积为 100 mm^2、50 mm^2 和 20 mm^2 三种测针，在距贯入端 25 mm 处刻有一圈标记。

(3)砂浆试样筒：上口径为 160 mm、下口径为 150 mm、净高为 150 mm 刚性不透水的金属圆筒，并配有盖子。

(4)标准筛：筛孔为 5 mm 的符合现行国家标准《试验筛》(GB/T 6005—2005)规定的金属圆孔筛。

4. 试验步骤

(1)应从按本节"四、取样五、试样的制备"制备或现场取样的混凝土拌和物试样中，用 5 mm 标准筛筛出砂浆，每次应筛净，然后将其拌和均匀。将砂浆一次分别装入三个试样筒中，做三个试验。取样混凝土坍落度不大于 70 mm 的混凝土宜用振动台振实砂浆；取样混凝土坍落度大于 70 mm 的宜用捣棒人工捣实。用振动台振实砂浆时，振动应持续到表面出浆，不得过振；用捣棒人工捣实时，应沿螺旋方向由外向中心均匀插捣 25 次，然后用橡皮锤轻轻敲打筒壁，直至插捣孔消失。振实或插捣后，砂浆表面应低于砂浆试样筒口约 10 mm，砂浆试样筒应立即加盖。

(2)砂浆试样制备完毕，编号后应置于温度为(20 ±2)℃的环境中或现场同条件下待试，并在以后的整个测试过程中，环境温度应始终保持(20 ±2)℃，现场同条件测试时，应与现场条件保持一致。在整个测试过程中，除在吸取泌水或进行贯入试验外，试样筒应始终加盖。

(3)凝结时间测定从水泥与水接触瞬间开始计时。根据混凝土拌和物的性能,确定测针试验时间,以后每隔0.5 h测试一次,在临近初凝、终凝时可增加测定次数。

(4)在每次测试前2 min,将一片20 mm厚的垫块垫入筒底一侧使其倾斜,用吸管吸去表面的泌水,吸水后平稳地复原。

(5)测试时将砂浆试样筒置于贯入阻力仪上,测针端部与砂浆表面接触,然后在(10 ± 2)s内均匀地使测针贯入砂浆(25 ± 2)mm深度,记录贯入压力,精确至10 N;记录测试时间,精确至1 min;记录环境温度,精确至0.5 ℃。

(6)各测点的间距应大于测针直径的2倍且不小于15 mm,测点与试样筒壁的距离应不小于25 mm。

(7)贯入阻力测试在0.2 ~ 28 MPa之间应至少进行6次,直至贯入阻力大于28 MPa。

(8)在测试过程中应根据砂浆凝结状况,适时更换测针,更换测针宜按表7-1选用。

表7-1 测针选用规定

贯入阻力(MPa)	0.2 ~ 3.5	3.5 ~ 20	20 ~ 28
测针面积(mm^2)	100	50	20

5.结果计算及凝结时间的确定

(1)贯入阻力应按下式计算:

$$f_{PR} = \frac{P}{A} \tag{7-1}$$

式中 f_{PR}——贯入阻力,MPa;

P——贯入压力,N;

A——测针面积,mm^2。

计算精确至0.1 MPa。

(2)凝结时间宜通过线性回归方法确定,是将贯入阻力f_{PR}和时间t分别取自然对数$\ln f_{PR}$和$\ln t$,然后把$\ln f_{PR}$当做自变量,$\ln t$当做因变量作线性回归得到回归方程式

$$\ln t = A + B\ln f_{PR} \tag{7-2}$$

式中 t——时间,min;

f_{PR}——贯入阻力,MPa;

A、B——线性回归系数。

根据下式求得当贯入阻力为3.5 MPa时为初凝时间t_s,贯入阻力为28 MPa时为终凝时间t_e:

$$t_s = e^{A+B\ln 3.5} \tag{7-3}$$

$$t_e = e^{A+B\ln 28} \tag{7-4}$$

式中 t_s——初凝时间,min;

t_e——终凝时间,min;

A、B——线性回归系数。

凝结时间也可用绘图拟合方法确定,是以贯入阻力为纵坐标,经过的时间为横坐标(精

确至 1 min)，绘制出贯入阻力与时间之间的关系曲线，以 3.5 MPa 和 28 MPa 画两条平行于横坐标的直线，分别与曲线相交的两个交点的横坐标即为混凝土拌和物的初凝时间和终凝时间。

(3)用三个试验结果的初凝时间和终凝时间的算术平均值作为此次试验的初凝时间和终凝时间。如果三个测值的最大值或最小值中有一个与中间值之差超过中间值的 10%，则以中间值为试验结果；如果最大值和最小值与中间值之差均超过中间值的 10%，则此次试验无效。

凝结时间用 h:min 表示，并修约至 5 min。

(四)泌水试验

1. 适用范围

适用于集料最大粒径不大于 40 mm 的混凝土拌和物泌水测定。

2. 采用标准

《普通混凝土拌合物性能试验方法标准》(GB/T 50080—2002)。

3. 仪器设备

(1)试样筒：符合本节“六、(六)3(1)”容积为 5 L 的容量筒并配有盖子。

(2)台秤：称量为 50 kg、感量为 50 g。

(3)量筒：容量为 10 mL、50 mL、100 mL 的量筒及吸管。

(4)振动台：应符合《混凝土试验用振动台》(JG/T 245—2009)中技术要求的规定。

(5)捣棒：应符合《混凝土坍落度仪》(JG/T 248—2009)的要求。

4. 试验步骤

(1)应用湿布湿润试样筒内壁后立即称量，记录试样筒的质量。再将混凝土试样装入试样筒，混凝土的装料及捣实方法有两种。

①方法 A：用振动台振实。将试样一次装入试样筒内，开启振动台，振动应持续到表面出浆，且应避免过振；并使混凝土拌和物表面低于试样筒筒口(30 ± 3) mm，用抹刀抹平。抹平后立即计时并称量，记录试样筒与试样的总质量。

②方法 B：用捣棒捣实。采用捣棒捣实时，混凝土拌和物应分两层装入，每层的插捣次数应为 25 次；捣棒由边缘向中心均匀地插捣，插捣底层时捣棒应贯穿整个深度，插捣第二层时，捣棒应插透本层至下一层的表面；每一层捣完后用橡皮锤轻轻沿容器外壁敲打 5 ~ 10 次，进行捣实，直至拌和物表面插捣孔消失且不见大气泡；并使混凝土拌和物表面低于试样筒筒口(30 ± 3) mm，用抹刀抹平、不受振动；抹平后立即计时并称量，记录试样筒与试样的总质量。

(2)在以下吸取混凝土拌和物表面泌水的整个过程中，应使试样筒保持水平、不受振动；除吸水操作外，应始终盖好盖子；室温应保持在(20 ± 2)℃。

(3)从计时开始后 60 min 内，每隔 10 min 吸取 1 次试样表面渗出的水。60 min 后，每隔 30 min 吸 1 次水，直至认为不再泌水。为了便于吸水，每次吸水前 2 min，将一片 35 mm 厚的垫块垫入筒底一侧使其倾斜，吸水后平稳地复原。吸出的水放入量筒中，记录每次吸水的水量并计算累计水量，精确至 1 mL。

5. 结果计算及评定

(1)泌水量应按下式计算：

$$B_a = \frac{V}{A} \tag{7-5}$$

式中　B_a——泌水量，mL/mm^2；

V——最后一次吸水后累计的泌水量，mL；

A——试样外露的表面面积，mm^2。

计算应精确至0.01以mL/mm^2。泌水量取三个试样测值的平均值。三个测值中的最大值或最小值，如果有一个与中间值之差超过中间值的15%，则以中间值为试验结果；如果最大值和最小值与中间值之差均超过中间值的15%，则此次试验无效。

（2）泌水率应按下式计算：

$$B = \frac{V_w}{(W/G)G_w} \times 100\% \tag{7-6}$$

$$G_w = G_1 - G_0 \tag{7-7}$$

式中　B——泌水率（%）；

V_w——泌水总量，mL；

G_w——试样质量，g；

W——混凝土拌和物总用水量，mL；

G——混凝土拌和物总质量，g；

G_1——试样筒及试样总质量，g；

G_0——试样筒质量，g。

计算应精确至1%。泌水率取三个试样测值的平均值。三个测值中的最大值或最小值，如果有一个与中间值之差超过中间值的15%，则以中间值为试验结果；如果最大值和最小值与中间值之差均超过中间值的15%，则此次试验无效。

第三节　混凝土力学性能试验

混凝土的力学性能主要包括抗压强度、抗拉强度、抗折强度、静力受压弹性模量、疲劳强度、握裹强度、收缩及徐变等性能。

（1）适用范围：混凝土力学性能试验方法适用于用水工业与民用建筑以及一般构筑物中的普通混凝土力学性能试验，包括抗压强度试验、轴心抗压强度试验、静力受压弹性模量试验、劈裂抗拉强度试验和抗折强度试验。

（2）采用标准为《普通混凝土力学性能试验方法标准》（GB/T 50081—2002）。

一、取样

（1）混凝土的取样应符合《普通混凝土拌合物性能试验方法标准》（GB/T 50080—2002）第2章中的有关规定。

（2）普通混凝土力学性能试验应以三个试件为一组，每组试件所用的拌和物应从同一盘混凝土或同一车混凝土中取样。

二、试件的尺寸、形状和公差

(一)试件的尺寸

试件的尺寸应根据混凝土中集料的最大粒径按表 7-2 选定。

表 7-2　混凝土试件尺寸选用

试件横截面尺寸	集料最大粒径(mm)	
	劈裂抗拉强度试验	其他试验
100 mm×100 mm	20	31.5
150 mm×150 mm	40	40
200 mm×200 mm	—	63

注:集料最大粒径指的是符合《普通混凝土用碎石或卵石质量标准及检验方法》(JGJ 53—92)中规定的圆孔筛的孔径。

(二)试件的形状

抗压强度和劈裂抗拉强度试件应符合下列规定:

(1)边长为 150 mm 的立方体试件是标准试件。

(2)边长为 100 mm 和 200 mm 的立方体试件是非标准试件。

(3)在特殊情况下,可采用ϕ 150 mm×300 mm 的圆柱体标准试件或ϕ 100 mm×200 mm 和ϕ 200 mm×400 mm 的圆柱体非标准试件。

轴心抗压强度和静力受压弹性模量试件应符合下列规定:

(1)边长为 150 mm×150 mm×300 mm 的棱柱体试件是标准试件。

(2)边长为 100 mm×100 mm×300 mm 和 200 mm×200 mm×400 mm 的棱柱体试件是非标准试件。

(3)在特殊情况下,可采用ϕ 150 mm×300 mm 的圆柱体标准试件或ϕ 100 mm×200 mm和ϕ 2 00mm×400 mm 的圆柱体非标准试件。

抗折强度试件应符合下列规定:

(1)边长为 150 mm×150 mm×600 mm(或 550 mm)的棱柱体试件是标准试件。

(2)边长为 100 mm×100 mm×400 mm 的棱柱体试件是非标准试件。

三、设备

(一)试模

(1)试模应符合《混凝土试模》(JG 237—2008)中技术要求的规定。

(2)应定期对试模进行自检,自检周期宜为 3 个月。

(二)振动台

(1)振动台应符合《混凝土试验用振动台》(JG/T 245—2009)中技术要求的规定。

(2)应具有有效期内的计量检定证书。

(三)压力试验机

(1)压力试验机除应符合《液压式压力试验机》(GB/T 3722—1992)及《试验机通用技术要求》(GB/T 2611—2007)中技术要求外,其测量精度为±1%,试件破坏荷载应大于压力机全量程的 20%且小于压力机全量程的 80%。

(2)应具有加荷速度指示装置或加荷速度控制装置，并应能均匀、连续地加荷。

(3)应具有有效期内的计量检定证书。

(四)微变形测量仪

(1)微变形测量仪的测量精度不得低于0.001 mm。

(2)微变形测量固定架的标距应为150 mm。

(3)应具有有效期内的计量检定证书。

(五)垫块、垫条与支架

(1)劈裂抗拉强度试验应采用半径为75 mm的钢质弧形垫块，其横截面尺寸如图7-3所示，垫块的长度与试件相同。

(2)垫条为三层胶合板制成，宽度为20 mm，厚度为3~4 mm，长度不小于试件长度，垫条不得重复使用。

(3)支架为钢支架，如7-4所示。

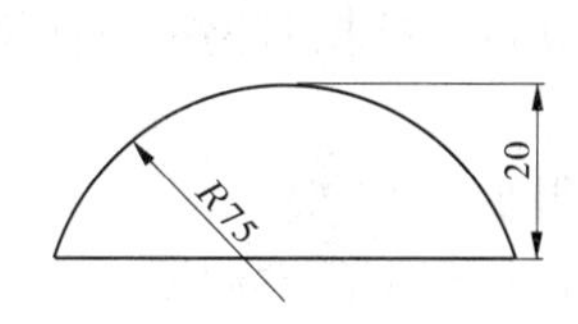

图7-3　垫块

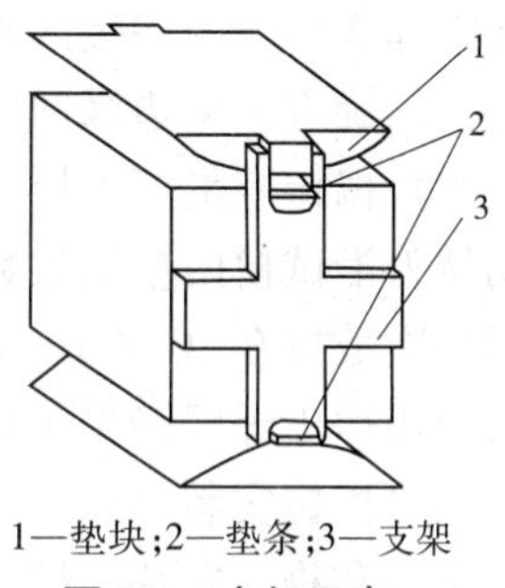

1—垫块;2—垫条;3—支架

图7-4　支架示意

(六)钢垫板

(1)钢垫板的平面尺寸应不小于试件的承压面积，厚度应小于25 mm。

(2)钢垫板应机械加工，承压面的平面度公差为0.04 mm，表面硬度不小于55HRC，硬化层厚度约为5 mm。

(七)其他量具及器具

(1)量程大于600 mm、分度值为1 mm的钢板尺。

(2)量程大于200 mm、分度值为0.02 mm的卡尺。

(3)符合《混凝土坍落度仪》(JG/T 248—2009)中规定的直径16 mm、长600 mm，端部呈半球形的捣棒。

四、试件的制作和养护

(一)试件的制作

1. 混凝土试件的制作应符合的规定

混凝土试件的制作应符合下列规定：

(1)成型前，应检查试模尺寸并符合《混凝土试模》(JG 237—2008)的有关规定，试模内表面应涂一薄层矿物油或其他不与混凝土发生反应的脱模剂。

(2)在实验室拌制混凝土时，其材料用量应以质量计，称量的精度：水泥、掺合料、水和外加剂为±0.5%，集料为±1%。

(3)取样或实验室拌制的混凝土应在拌制后最短的时间内成型，一般不宜超过15 min。

(4)根据混凝土拌和物的稠度确定混凝土成型方法，坍落度不大于70 mm的混凝土宜用振动振实；大于70 mm的宜用捣棒人工捣实；检验现浇混凝土或预制构件的混凝土，试件成型方法宜与实际采用的方法相同。

2. 混凝土试件制作

(1)取样或拌制好的混凝土拌和物应至少用铁锹再来回拌和三次。

(2)按本章第三节四、(一)、(4)的规定，选择成型方法成型。

用振动台振实制作试件应按下述方法进行：

①将混凝土拌和物一次装入试模，装料时应用抹刀沿各试模壁插捣，并使混凝土拌和物高出试模口。

②试模应附着或固定在符合《混凝土试验用振动台》(JG/T 245—2009)要求的振动台上，振动时试模不得有任何跳动，振动应持续到表面出浆为止；不得过振。

用人工插捣制作试件应按下述方法进行：

①混凝土拌和物应分两层装入模内，每层的装料厚度大致相等。

②插捣应按螺旋方向从边缘向中心均匀进行。在插捣底层混凝土时，捣棒应达到试模底部；插捣上层时，捣棒应贯穿上层后插入下层20～30 mm；插捣时捣棒应保持垂直，不得倾斜。然后应用抹刀沿试模内壁插拔数次。

③每层插捣次数按在10 000 mm^2截面面积内不得少于12次。

④插捣后应用橡皮锤轻轻敲击试模四周，直至插捣棒留下的空洞消失。

用插入式振捣棒振实制作试件应按下述方法进行：

①将混凝土拌和物一次装入试模，装料时应用抹刀沿各试模壁插捣，并使混凝土拌和物高出试模口。

②宜用直径为25 mm的插入式振捣棒。插入试模振捣时，振捣棒距试模底板10～20 mm且不得触及试模底板，振动应持续到表面出浆为止，且应避免过振，以防止混凝土离析；一般振捣时间为20 s。振捣棒拔出时要缓慢，拔出后不得留有孔洞。

(3)刮除试模上口多余的混凝土，待混凝土临近初凝时，用抹刀抹平。

(二)试件的养护

(1)试件成型后应立即用不透水的薄膜覆盖表面。

(2)采用标准养护的试件，应在温度为(20±5)℃的环境中静置一昼夜至二昼夜，然后编号、拆模。拆模后应立即放入温度为(20±2)℃，相对湿度为95%以上的标准养护室中养护，或在温度为(20±2)℃的不流动的$Ca(OH)_2$饱和溶液中养护。标准养护室内的试件应放在支架上，彼此间隔10～20 mm，试件表面应保持潮湿，并不得被水直接冲淋。

(3)同条件养护试件的拆模时间可与实际构件的拆模时间相同，拆模后，试件仍需保持同条件养护。

(4)标准养护龄期为28 d(从搅拌加水开始计时)。

五、抗压强度试验

混凝土立方体抗压强度是混凝土结构设计的重要指标，也是混凝土配合比设计的重要参数，同时也是评定混凝土生产企业质量管理水平和验收的一个重要指标。

(1)适用范围：测定混凝土立方体试件的抗压强度。

（2）采用标准:《普通混凝土力学性能试验方法标准》(GB/T 50081—2002)。

（一）试验设备

（1）混凝土立方体抗压强度试验所采用压力试验机应符合 GB/T 50081—2002 本节“三、（三）”的规定。

（2）混凝土强度等级≥C60 时,试件周围应设防崩裂网罩。当压力试验机上、下压板不符合 GB/T 50081—2002 本节“三、（六）”规定时,压力试验机上、下压板与试件之间应各垫以符合本节“（六）钢垫板”要求的钢垫板。

（二）试验步骤

（1）试件从养护地点取出后应及时进行试验,将试件表面与上下承压板面擦干净。

（2）将试件安放在试验机的下压板或垫板上,试件的承压面应与成型时的顶面垂直。试件的中心应与试验机下压板中心对准,开动试验机,当上压板与试件或钢垫板接近时,调整球座,使接触均衡。

（3）在试验过程中应连续均匀地加荷,混凝土强度等级 < C30 时,加荷速度为 0.3 ~ 0.5 MPa/s;混凝土强度等级≥C30 且 < C60 时,取 0.5 ~ 0.8 MPa/s;当混凝土强度等级≥C60 时,取 0.8 ~ 1.0 MPa。

（4）当试件接近破坏开始急剧变形时,应停止调整试验机油门,直至破坏,然后记录破坏荷载。

（三）试验结果计算

（1）混凝土立方体抗压强度应按下式计算

$$f_{cc} = \frac{F}{A} \tag{7-27}$$

式中 f_{cc}——混凝土立方体试件抗压强度,MPa;

F——试件破坏荷载,N;

A——试件承压面积,mm^2。

混凝土立方体抗压强度计算应精确至 0.1 MPa。

（2）强度值的确定应符合下列规定:

①三个试件测值的算术平均值作为该组试件的强度值(精确至 0.1 MPa)。

②三个测值中的最大值或最小值中当有一个与中间值的差值超过中间值的 15% 时,则把最大值及最小值一并舍除,取中间值作为该组试件的抗压强度值。

③如最大值和最小值与中间值的差均超过中间值的 15%,则该组试件的试验结果无效。

（3）混凝土强度等级 < C60 时,用非标准试件测得的强度值均应乘以尺寸换算系数,其值对 200 mm×200 mm×200 mm 试件为 1.05,对 100 mm×100 mm×100 mm 试件为 0.95。当混凝土强度等级≥C60 时,宜采用标准试件;当使用非标准试件时,尺寸换算系数应由试验确定。

六、轴心抗压强度试验

（1）适用范围:本试验方法适用于测定棱柱体混凝土试件的轴心抗压强度。

（2）采用标准:《普通混凝土力学性能试验方法标准》(GB/T 50081—2002)。

（一）试验设备

（1）轴心抗压强度试验所采用压力试验机的精度应符合本节“三、（三）试验机”的要求。

（2）当混凝土强度等级≥C60 时，试件周围应设防崩裂网罩。当压力试验机上、下压板不符合本节“（六）”规定时，压力试验机上、下压板与试件之间应各垫以符合本节“（六）”要求的钢垫板。

（二）试验步骤

（1）试件从养护地点取出后应及时进行试验，用干毛巾将试件表面与上、下承压板面擦干净。

（2）将试件直立放置在试验机的下压板或钢垫板上，并使试件轴心与下压板中心对准。

（3）开动试验机，当上压板与试件或钢垫板接近时，调整球座，使接触均衡。

（4）应连续均匀地加荷，不得有冲击。所用加荷速度应符合本节“五、（二）（3）”的规定。

（5）试件接近破坏而开始急剧变形时，应停止调整试验机油门，直至破坏，然后记录破坏荷载。

（三）试验结果计算及确定

（1）混凝土试件轴心抗压强度应按下式计算

$$f_{cp} = \frac{F}{A} \tag{7-28}$$

式中 f_{cp}——混凝土轴心抗压强度，MPa；

F——试件破坏荷载，N；

A——试件承压面积，mm^2。

混凝土轴心抗压强度计算值应精确至 0.1 MPa。

（2）混凝土轴心抗压强度值的确定应符合 GB/T 50081—2002 中 6.0.5 条第 2 款的规定。

（3）混凝土强度等级 < C60 时，用非标准试件测得的强度值均应乘以尺寸换算系数，其值对 200 mm × 200 mm × 400 mm 试件为 1.05；对 100 mm × 100 mm × 300 mm 试件为 0.95。当混凝土强度等级≥C60 时，宜采用标准试件；当使用非标准试件时，尺寸换算系数应由试验确定。

七、静力受压弹性模量试验

（1）适用范围：本方法适用于测定棱柱体试件的混凝土静力受压弹性模量（以下简称弹性模量）。

（2）采用标准：《普通混凝土力学性能试验方法标准》（GB/T 50081—2002）。

（一）试验设备

（1）压力试验机，应符合本节“三、（三）压力试验机”的规定。

（2）微变形测量仪，应符合本节“三、（四）微变形测量仪”中的规定。

（二）试验步骤

（1）试件从养护地点取出后先将试件表面与上下承压板面擦干净。

（2）取 3 个试件按 GB/T 50081—2002 第 7 章的规定，测定混凝土的轴心抗压强度

(f_{cp})。另3个试件用于测定混凝土的弹性模量。

(3)在测定混凝土弹性模量时,变形测量仪应安装在试件两侧的中线上并对称于试件的两端。

(4)应仔细调整试件在压力试验机上的位置,使其轴心与下压板的中心线对准。开动压力试验机,当上压板与试件接近时调整球座,使其接触匀衡。

(5)加荷至基准应力为0.5 MPa的初始荷载值F_0,保持恒载60 s并在以后的30 s内记录每测点的变形读数ε_0,应立即连续均匀地加荷至应力为轴心抗压强度f_{cp}的1/3的荷载值F_a,保持恒载60 s并在以后的30 s内记录每一测点的变形读数ε_a。所用加荷速度应符合GB/T 50081—2002中6.0.4条第3款的规定。

(6)当以上这些变形值之差与它们平均值之比大于20%时,应重新对中试件后重复本条第5款的试验。如果无法使其减小到低于20%,则此次试验无效。

(7)在确认试件对中符合上述(6)规定后,以与加荷速度相同的速度卸荷至基准应力0.5 MPa(F_0),恒载60 s;然后用同样的加荷和卸荷速度以及60 s的保持恒载(F_0及F_a)至少进行两次反复预压。在最后一次预压完成后,在基准应力0.5 MPa(F_0)持荷60 s并在以后的30 s内记录每一测点的变形读数ε_0;再用同样的加荷速度加荷至F_a,持荷60 s并在以后的30 s内记录每一测点的变形读数ε_a(见图7-5)。

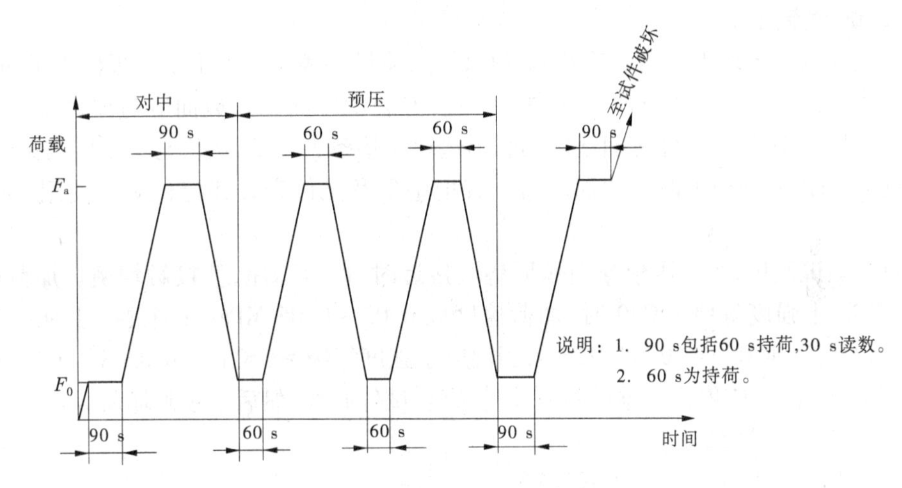

图7-5 弹性模量加荷方法示意图

(8)卸除变形测量仪,以同样的速度加荷至破坏,记录破坏荷载;如果试件的抗压强度与f_{cp}之差超过f_{cp}的20%,则应在报告中注明。

(三)试验结果计算

(1)混凝土弹性模量值应按下式计算

$$E_c = \frac{F_a - F_0}{A} \times \frac{L}{\Delta n} \tag{7-29}$$

$$\Delta n = \varepsilon_a - \varepsilon_0 \tag{7-30}$$

式中 E_c——混凝土弹性模量,MPa;

F_a——应力为1/3轴心抗压强度时的荷载,N;

F_0——应力为0.5 MPa时的初始荷载,N;

A——试件承压面积,mm^2;

L——测量标距,mm;

Δn——最后一次从 F_0 加荷至 F_a 时试件两侧变形的平均值,mm,$\Delta n = \varepsilon_a - \varepsilon_0$;

ε_a——F_a 时试件两侧变形的平均值,mm;

ε_0——F_0 时试件两侧变形的平均值,mm。

混凝土受压弹性模量计算精确至100 MPa。

(2)弹性模量按3个试件测值的算术平均值计算。当其中有一个试件的轴心抗压强度值与用以确定检验控制荷载的轴心抗压强度值相差超过后者的20%时,则弹性模量值按另两个试件测值的算术平均值计算;当两个试件超过上述规定时,则此次试验无效。

八、劈裂抗拉强度试验

(1)适用范围:本方法适用于测定混凝土立方体试件的劈裂抗拉强度。

(2)采用标准:《普通混凝土力学性能试验方法标准》(GB/T 50081—2002)。

(一)试验设备

(1)压力试验机应符合《液压式压力计》(GB/T 3722—1992)的规定。

(2)垫块、垫条及支架应符合本节"三、(五)垫块、垫条与支架"的规定。

(二)试验步骤

(1)试件从养护地点取出后应及时进行试验,将试件表面与上下承压板面擦干净。

(2)将试件放在试验机下压板的中心位置,劈裂承压面和劈裂面应与试件成型时的顶面垂直;在上、下压板与试件之间垫以圆弧形垫块及垫条各一条,垫块与垫条应与试件上、下面的中心线对准并与成型时的顶面垂直。宜把垫条及试件安装在定位架上使用(如图7-4所示)。

(3)开动试验机,当上压板与圆弧形垫块接近时,调整球座,使接触均衡。加荷应连续均匀,当混凝土强度等级 $<$ C30 时,加荷速度取0.02 ~0.05 MPa/s;当混凝土强度等级 $\geq$ C30 且 $<$ C60 时,取0.05 ~0.08 MPa/s;当混凝土强度等级 $\geq$ C60 时,取0.08 ~0.10 MPa/s,至试件接近破坏时,应停止调整试验机油门,直至试件破坏,然后记录破坏荷载。

(三)试验结果计算

混凝土劈裂抗拉强度应按下式计算

$$f_{ts} = \frac{2F}{\pi A} = 0.637\frac{F}{A} \tag{7-31}$$

式中 f_{ts}——混凝土劈裂抗拉强度,MPa;

F——试件破坏荷载,N;

A——试件劈裂面面积,mm^2。

劈裂抗拉强度计算精确到0.01 MPa。

强度值的确定应符合下列规定:

(1)三个试件测值的算术平均值作为该组试件的强度值(精确至0.01 MPa)。

(2)三个测值中的最大值或最小值中如有一个与中间值的差值超过中间值的15%,则把最大值及最小值一并舍除,取中间值作为该组试件的抗压强度值。

(3)如最大值与最小值与中间值的差均超过中间值的15%,则该组试件的试验结果无效。

采用100 mm×100 mm×100 mm非标准试件测得的劈裂抗拉强度值,应乘以尺寸换算系数0.85。当混凝土强度等级≥C60时,宜采用标准试件;当使用非标准试件时,尺寸换算系数应由试验确定。

九、抗折强度试验

(1)适用范围:本方法适用于测定混凝土的抗折强度。

(2)采用标准:《普通混凝土力学性能试验方法标准》(GB/T 50081—2002)。

(一)试验设备

(1)试验机应符合GB/T 50081—2002第4.3节的有关规定。

(2)试验机应能施加均匀、连续、速度可控的荷载,并带有能使两个相等荷载同时作用在试件跨度3分点处的抗折试验装置,如图7-6所示。

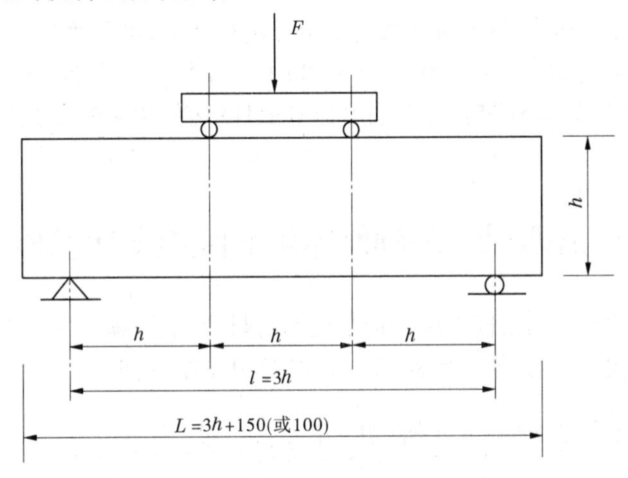

图7-6　抗折试验装置

(3)试件的支座和加荷头应采用直径为20~40 mm、长度不小于$b+10$ mm的硬钢圆柱,支座立脚点固定铰支,其他应为滚动支点。

(二)试验步骤

(1)试件从养护地取出后应及时进行试验,将试件表面擦干净。

(2)按图7-6装置试件,安装尺寸偏差不得大于1 mm。试件的承压面应为试件成型时的侧面。支座及承压面与圆柱的接触面应平稳、均匀,否则应垫平。

(3)施加荷载应保持均匀、连续。当混凝土强度等级<C30时,加荷速度取0.02~0.05 MPa/s;当混凝土强度等级≥C30且<C60时,加荷速度取0.05~0.08 MPa/s;当混凝土强度等级≥C60时,加荷速度取0.08~0.10 MPa/s,至试件接近破坏时,应停止调整试验机油门,直至试件破坏,然后记录破坏荷载。

(4)记录试件破坏荷载的试验机示值及试件下边缘断裂位置。

(三)试验结果计算

(1)若试件下边缘断裂位置处于两个集中荷载作用线之间,则试件的抗折强度f_f按下式计算

$$f_{\mathrm{f}} = \frac{Fl}{bh^2} \tag{7-32}$$

式中 f_{f}——混凝土抗折强度,MPa;

F——试件破坏荷载,N;

l——支座间跨度,mm;

h——试件截面高度,mm;

b——试件截面宽度,mm。

抗折强度计算应精确至0.1 MPa。

(2)抗折强度值的确定应符合 GB/T 50081—2002 中6.0.5条第2款的规定。

(3)三个试件中若有一个折断面位于两个集中荷载之外,则混凝土抗折强度值按另两个试件的试验结果计算。若这两个测值的差值不大于这两个测值中较小值的15%,则该组试件的抗折强度值按这两个测值的平均值计算,否则该组试件的试验无效。若有两个试件的下边缘断裂位置位于两个集中荷载作用线,则该组试件试验无效。

(4)当试件尺寸为100 mm×100 mm×400 mm非标准试件时,应乘以尺寸换算系数0.85。当混凝土强度等级≥C60时,宜采用标准试件;当使用非标准试件时,尺寸换算系数应由试验确定。

第四节　普通混凝土配合比设计

混凝土配合比设计是将混凝土中各种组成的材料,经过计算、试配、调整最后确定各种材料用量之间的比例关系,达到满足强度和耐久性的要求和施工进度的要求,做到经济合理。

一、混凝土配合比设计前资料的收集

(一)混凝土技术要求

(1)混凝土的耐久性和强度的要求。

(2)混凝土施工稠度的要求。

(二)原材料的要求

(1)使用集料的质量状况,如集料的种类、最大粒径、颗粒级配、含泥量、细度模数等。

(2)使用的水泥品种、安定性、强度等。

(3)使用的外加剂和掺合料的要求和技术资料。

(4)拌和水应符合标准要求。

(三)环境条件

(1)施工条件,如搅拌方式、运输距离、振捣方法、钢筋的布置等。

(2)施工和使用的环境条件,如春、夏、秋、冬及雨、雪、潮湿侵蚀介质等。

(3)养护方法:自然养护、蒸汽养护、压蒸养护等。

二、混凝土配合比设计的主要技术参数

(一)水胶比

水胶比指单位混凝土拌和物中,水与胶凝材料的质量之比。其对混凝土的强度和耐久

性起着决定性的作用。

（二）砂率

砂率指砂在砂和石中所占比例，即砂的质量与砂石总质量之比。合理的砂率既能保证混凝土达到最大的密实度，又能使水泥用量最少。

（三）单位用水量

单位用水量指每立方米混凝土中用水量的多少。其直接影响混凝土的流动性、黏聚性、保水性、密实度和强度。

三、普通混凝土配合比的设计方法

（一）目的

满足设计和施工要求，保证混凝土工程质量，并且达到经济合理。

（二）采用的标准

采用的标准为《普通混凝土配合比设计规程》（JGJ 55—2011）。

（三）基本规定

（1）混凝土配合比设计应满足混凝土配制强度、拌和物性能、力学性能和耐久性能的设计要求。混凝土拌和物性能、力学性能和耐久性能的试验方法应分别符合现行国家标准《普通混凝土拌合物性能试验方法标准》（GB/T 50080—2002）、《普通混凝土力学性能试验方法标准》（GB/T 50081—2002）和《普通混凝土长期性能和耐久性能试验方法标准》（GB/T 50082—2002）的规定。

（2）混凝土配合比设计应采用工程实际使用的原材料，并应满足国家现行标准的有关要求；配合比设计应以干燥状态集料为基准，细集料含水率应小于0.5%，粗集料含水率应小于0.2%。

（3）混凝土的最大水胶比应符合《混凝土结构设计规范》（GB 50010—2010）的规定。

（4）除配制C15及其以下强度等级的混凝土外，混凝土的最小胶凝材料用量应符合表7-3的规定。

表7-3　混凝土的最小胶凝材料用量

最大水胶比	最小胶凝材料用量（kg/m^3）		
	素混凝土	钢筋混凝土	预应力混凝土
0.60	250	280	300
0.55	280	300	300
0.50	320		
≤0.45	330		

（5）矿物掺合料在混凝土中的掺量应通过试验确定。采用硅酸盐水泥或普通水泥时，钢筋混凝土中矿物掺合料最大掺量宜符合表7-4的规定，预应力钢筋混凝土中矿物掺合料最大掺量宜符合表7-5的规定。对基础大体积混凝土，粉煤灰、粒化高炉矿渣粉和复合掺合料的最大掺量可增加5%。采用掺量大于30%的C类粉煤灰的混凝土应以实际使用的水泥和粉煤灰掺量进行安定性检验。

表 7-4　钢筋混凝土中矿物掺合料最大掺量

矿物掺合料种类	水胶比	最大掺量(%)	
		硅酸盐水泥	普通硅酸盐水泥
粉煤灰	≤0.40	≤45	≤35
	>0.40	≤40	≤30
粒化高炉矿渣粉	≤0.40	≤65	≤55
	>0.40	≤55	≤45
钢渣粉	—	≤30	≤20
磷渣粉	—	≤30	≤20
硅灰	—	≤10	≤10
复合掺合料	≤0.40	≤60	≤50
	>0.40	≤50	≤40

注:1. 采用其他通用硅酸盐水泥时,宜将水泥混合材掺量 20% 以上的混合材量计入矿物掺合料。

2. 复合掺合料各组分的掺量不宜超过单掺时的最大掺量。

3. 在混合使用两种或两种以上矿物掺合料时,矿物掺合料总掺量应符合表中复合掺合料的规定。

表 7-5　预应力钢筋混凝土中矿物掺合料的最大掺量

矿物掺合料种类	水胶比	最大掺量(%)	
		硅酸盐水泥	普通硅酸盐水泥
粉煤灰	≤0.40	≤35	≤30
	>0.40	≤25	≤20
粒化高炉矿渣粉	≤0.40	≤55	≤45
	>0.40	≤45	≤35
钢渣粉	—	≤20	≤10
磷渣粉	—	≤20	≤10
硅灰	—	≤10	≤10
复合掺合料	≤0.40	≤50	≤40
	>0.40	≤40	≤30

注:1. 采用其他通用硅酸盐水泥时,宜将水泥混合材掺量 20% 以上的混合材量计入矿物掺合料。

2. 复合掺合料各组分的掺量不宜超过单掺时的最大掺量。

3. 在混合使用两种或两种以上矿物掺合料时,矿物掺合料总掺量应符合表中复合掺合料的规定。

(6)混凝土拌和物中水溶性氯离子最大含量应符合表 7-6 的规定,其测试方法应符合现行行业标准《水运工程混凝土试验规程》(JTJ 270—1998)中混凝土拌和物中氯离子含量的快速测定法的规定。

(7)长期处于潮湿或水位变动的寒冷和严寒环境,以及盐冻环境的混凝土应掺用引气剂。引气剂掺量应根据混凝土含气量要求经试验确定;掺用引气剂的混凝土最小含气量应符合表 7-7 的规定,最大不宜超过 7.0%。

(8)对于有预防混凝土碱集料反应设计要求的工程,宜掺用适量粉煤灰或其他矿物掺合料;混凝土中最大碱含量不应大于 3.0 kg/m^3,对于矿物掺合料碱含量,粉煤灰碱含量可取实测值的 1/6,粒化高炉矿渣粉碱含量可取实测值的 1/2。

表 7-6 混凝土拌和物中水溶性氯离子最大含量

<table>
<tr><th rowspan="2">环境条件</th><th colspan="3">水溶性氯离子最大含量(%,水泥用量的质量百分比)</th></tr>
<tr><th>钢筋混凝土</th><th>预应力混凝土</th><th>素混凝土</th></tr>
<tr><td>干燥环境</td><td>0.30</td><td rowspan="4">0.06</td><td rowspan="4">1.00</td></tr>
<tr><td>潮湿但不含氯离子的环境</td><td>0.20</td></tr>
<tr><td>潮湿而含有氯离子的环境、盐渍土环境</td><td>0.10</td></tr>
<tr><td>除冰盐等侵蚀性物质的腐蚀环境</td><td>0.06</td></tr>
</table>

表 7-7 掺用引气剂的混凝土最小含气量

粗集料最大公称粒径(mm)	混凝土最小含气量(%)	
	潮湿或水位变动的寒冷和严寒环境	盐冻环境
40.0	4.5	5.0
25.0	5.0	5.5
20.0	5.5	6.0

注:含气量为气体占混凝土体积的百分比。

(四)混凝土配制强度的确定

混凝土配制强度应按下列规定确定:

(1)当混凝土的设计强度等级小于 C60 时,配制强度应按下式计算:

$$f_{cu,0} \geqslant f_{cu,k} + 1.645\sigma \tag{7-33}$$

式中 $f_{cu,0}$——混凝土配制强度,MPa;

$f_{cu,k}$——混凝土立方体抗压强度标准值,这里取设计混凝土强度等级值,MPa;

σ——混凝土强度标准差,MPa。

(2)当设计强度等级大于或等于 C60 时,配制强度应按下式计算:

$$f_{cu,0} \geqslant 1.15 f_{cu,k} \tag{7-34}$$

混凝土强度标准差应按照下列规定确定:

(1)当具有近 1~3 个月的同一品种、同一强度等级混凝土的强度资料时,且试件组数不小于 30 组时,其混凝土强度标准差 σ 应按下式计算:

$$\sigma = \sqrt{\frac{\sum_{i=1}^{n} f_{cu,i}^{2} - n m_{fcu}^{2}}{n-1}} \tag{7-35}$$

式中 σ——混凝土强度标准差;

$f_{cu,i}$——第 i 组的试件强度,MPa;

m_{fcu}——n 组试件的强度平均值,MPa;

n——试件组数,n 值应大于或者等于 30。

对于强度等级不大于 C30 的混凝土：当 σ 计算值不小于 3.0 MPa 时，应按式(7-35)计算结果取值；当 σ 计算值小于 3.0 MPa 时，σ 应取 3.0 MPa。

对于强度等级大于 C30 且小于 C60 的混凝土：当 σ 计算值不小于 4.0 MPa 时，应按式(7-35)计算结果取值；当 σ 计算值小于 4.0 MPa 时，σ 应取 4.0 MPa。

(2)当没有近期的同一品种、同一强度等级混凝土强度资料时，其强度标准差 σ 可按表 7-8取值。

表 7-8　标准差 σ 值　　(单位:MPa)

混凝土强度标准值	≤C20	C25～C45	C50～C55
σ	4.0	5.0	6.0

(五)混凝土配合比计算

1. 水胶比

(1)混凝土强度等级不大于 C60 时，混凝土水胶比宜按下式计算：

$$W/B = \frac{\alpha_a f_b}{f_{cu,0} + \alpha_a \alpha_b f_b} \tag{7-36}$$

式中　W/B——混凝土水胶比；

α_a、α_b——回归系数，取值应符合 JGJ 55—2011 5.1.2 条的规定；

f_b——胶凝材料(水泥与矿物掺合料按使用比例混合)28 d 胶砂强度，MPa，试验方法应按现行国家标准《水泥胶砂强度检验方法(ISO 法)》(GB/T 17671—2005)执行，当无实测值时，可按 JGJ 55—2011 5.1.3 条确定。

(2)回归系数 α_a 和 α_b 宜按下列规定确定：

①根据工程所使用的原材料，通过试验建立的水胶比与混凝土强度关系式来确定。

②当不具备上述试验统计资料时，可按表 7-9 采用。

表 7-9　回归系数 α_a、α_b 选用

系数	碎石	卵石
α_a	0.53	0.49
α_b	0.20	0.13

(3)当胶凝材料 28 d 胶砂抗压强度值 f_b 无实测值时，可按下式计算：

$$f_b = \gamma_f \gamma_s f_{ce} \tag{7-37}$$

式中　γ_f、γ_s——粉煤灰影响系数和粒化高炉矿渣粉影响系数，可按表 7-10 选用；

f_{ce}——水泥 28 d 胶砂抗压强度，MPa，可实测，也可按 JGJ 55—2011 第 5.1.4 条规定表 7-11选用。

(4)当水泥 28 d 胶砂抗压强度 f_{ce} 无实测值时，可按下式计算：

$$f_{ce} = \gamma_c f_{ce,g} \tag{7-38}$$

式中　γ_c——水泥强度等级值的富余系数，可按实际统计资料确定，当缺乏实际统计资料时，也可按表 7-11 选用；

$f_{ce,g}$——水泥强度等级值，MPa。

表 7-10　粉煤灰影响系数 γ_f 和粒化高炉矿渣粉影响系数 γ_s

掺量(%)	粉煤灰影响系数 γ_f	粒化高炉矿渣粉影响系数 γ_s
0	1.00	1.00
10	0.90～0.95	1.00
20	0.80～0.85	0.95～1.00
30	0.70～0.75	0.90～1.00
40	0.60～0.65	0.80～0.90
50	—	0.70～0.85

注：1. 采用Ⅰ级、Ⅱ级粉煤灰宜取上限值。
2. 采用 S75 级粒化高炉矿渣粉宜取下限值，采用 S95 级粒化高炉矿渣粉宜取上限值，采用 S105 级粒化高炉矿渣粉可取上限值加 0.05。
3. 当超出表 7-10 的掺量时，粉煤灰和粒化高炉矿渣粉影响系数应经试验确定。

表 7-11　水泥强度等级值的富余系数 γ_c

水泥强度等级值	32.5	42.5	52.5
富余系数	1.12	1.16	1.10

2. 用水量和外加剂用量

(1)每立方米干硬性或塑性混凝土的用水量 m_{wo} 应符合下列规定：

①混凝土水胶比为 0.40～0.80 时，可按表 7-12 和表 7-13 选取。

②混凝土水胶比小于 0.40 时，可通过试验确定。

表 7-12　干硬性混凝土的用水量　(单位：kg/m³)

拌和物稠度		卵石最大公称粒径(mm)			碎石最大粒径(mm)		
项目	指标	10.0	20.0	40.0	16.0	20.0	40.0
维勃稠度(s)	16～20	175	160	145	180	170	155
	11～15	180	165	150	185	175	160
	5～10	185	170	155	190	180	165

表 7-13　塑性混凝土的用水量　(单位：kg/m³)

拌和物稠度		卵石最大粒径(mm)				碎石最大粒径(mm)			
项目	指标	10.0	20.0	31.5	40.0	16.0	20.0	31.5	40.0
坍落度(mm)	10～30	190	170	160	150	200	185	175	165
	35～50	200	180	170	160	210	195	185	175
	55～70	210	190	180	170	220	105	195	185
	75～90	215	195	185	175	230	215	205	195

注：1. 本表用水量是采用中砂时的取值。采用细砂时，每立方米混凝土用水量可增加 5～10 kg；采用粗砂时，可减少 5～10 kg。
2. 掺用矿物掺合料和外加剂时，用水量应相应调整。

(2)掺外加剂时，每立方米流动性或大流动性混凝土的用水量 m_{w0} 可按下式计算

$$m_{w0} = m'_{w0}(1 - \beta) \tag{7-39}$$

式中 m_{w0}——满足实际坍落度要求的每立方米混凝土用水量，kg/m³；

m'_{w0}——未掺外加剂时推定的满足实际坍落度要求的每立方米混凝土用水量，kg/m³，以表7-13中90 mm坍落度的用水量为基础，按每增大20 mm坍落度相应增加5 kg/m³用水量来计算，当坍落度增大到180 mm以上时，随坍落度相应增加的用水量可减少；

β——外加剂的减水率(%)，应经混凝土试验确定。

(3)每立方米混凝土中外加剂用量 m_{ao} 应按下式计算

$$m_{a0} = m_{b0}\beta_a \tag{7-40}$$

式中 m_{a0}——每立方米混凝土中外加剂用量，kg/m³；

m_{b0}——计算配合比每立方米混凝土中胶凝材料用量，kg/m³，计算应符合相关规程的规定；

β_a——外加剂掺量(%)，应经混凝土试验确定。

3. 胶凝材料、矿物掺合料和水泥用量

(1)每立方米混凝土的胶凝材料用量 m_{b0} 应按下式计算

$$m_{b0} = \frac{m_{w0}}{W/B} \tag{7-41}$$

式中 m_{b0}——计算配合比每立方米混凝土中胶凝材料用量，kg/m³；

m_{w0}——计算配合比每立方米混凝土的用水量，kg/m³；

W/B——混凝土水胶比。

(2)每立方米混凝土的矿物掺合料用量 m_{f0} 应按下式计算

$$m_{f0} = m_{b0}\beta_f \tag{7-42}$$

式中 m_{f0}——计算配合比每立方米混凝土中矿物掺合料用量，kg/m³；

β_f——矿物掺合料掺量(%)，可结合JGJ 55—2011 3.0.5条和5.1.1条的规定确定。

(3)每立方米混凝土的水泥用量 m_{c0} 应按下式计算

$$m_{c0} = m_{b0} - m_{fo} \tag{7-43}$$

式中 m_{c0}——计算配合比每立方米混凝土中水泥用量，kg/m³。

4. 砂率

(1)砂率 β_s 应根据集料的技术指标、混凝土拌和物性能和施工要求，参考既有历史资料确定。

(2)当缺乏砂率的历史资料时，混凝土砂率的确定应符合下列规定：

①坍落度小于10 mm的混凝土，其砂率应经试验确定。

②坍落度为10～60 mm的混凝土砂率，可根据粗集料品种、最大公称粒径及水灰比按表7-14选取。

③坍落度大于60 mm的混凝土砂率，可经试验确定，也可在表7-14的基础上，按坍落度每增大20 mm砂率增大1%的幅度予以调整。

表 7-14　混凝土的砂率　　（%）

水胶比 W/B	卵石最大公称粒径(mm)			碎石最大粒径(mm)		
	10.0	20.0	40.0	16.0	20.0	40.0
0.40	26～32	25～31	24～30	30～35	29～34	27～32
0.50	30～35	29～34	28～33	33～38	32～37	30～35
0.60	33～38	32～37	31～36	36～41	35～40	33～38
0.70	36～41	35～40	34～39	39～44	38～43	36～41

注:1. 本表数值系中砂的选用砂率,对细砂或粗砂,可相应地减小或增大砂率。
2. 采用人工砂配制混凝土时,砂率可适当增大。
3. 只用一个单粒级粗集料配制混凝土时,砂率应适当增大。

5. 粗、细集料用量

(1)采用质量法计算粗、细集料用量时,应按下列公式计算

$$m_{f0}+m_{c0}+m_{g0}+m_{s0}+m_{w0}=m_{cp} \tag{7-44}$$

$$\beta_s=\frac{m_{s0}}{m_{g0}+m_{s0}}\times 100\% \tag{7-45}$$

式中　m_{g0}——每立方米混凝土的粗集料用量,kg/m³;

m_{s0}——每立方米混凝土的细集料用量,kg/m³;

m_{w0}——每立方米混凝土的用水量,kg/m³;

β_s——砂率(%);

m_{cp}——每立方米混凝土拌和物的假定质量,kg/m³,可取2 350～2 450 kg/m³。

(2)当采用体积法计算混凝土配比时,砂率应按式(7-45)计算,粗、细集料用量应按式(7-46)计算

$$\frac{m_{c0}}{\rho_c}+\frac{m_{f0}}{\rho_f}+\frac{m_{g0}}{\rho_g}+\frac{m_{s0}}{\rho_s}+\frac{m_{w0}}{\rho_w}+0.01\alpha=1 \tag{7-46}$$

式中　ρ_c——水泥密度,kg/m³,应按《水泥密度测定方法》(GB/T 208—1994)测定,也可取2 900～3 100 kg/m³;

ρ_f——矿物掺合料密度,kg/m³,可按《水泥密度测定方法》(GB/T 208—1994)测定;

ρ_g——粗集料的表观密度,kg/m³,应按现行行业标准《普通混凝土用砂、石质量及检验方法标准》(JGJ 52—2006)测定;

ρ_s——细集料的表观密度,kg/m³,应按现行行业标准《普通混凝土用砂、石质量及检验方法标准》(JGJ 52—2006)测定;

ρ_w——水的密度,kg/m³,可取1 000 kg/m³;

α——混凝土的含气量百分数,在不使用引气型外加剂时,α可取为1。

(六)混凝土配合比的试配、调整与确定

1. 试配

(1)混凝土试配应采用强制式搅拌机,搅拌机应符合现行行业标准《混凝土试验用搅拌机》(JG 244—2009)的规定,搅拌方法宜与施工采用的方法相同。

(2)实验室成型条件应符合现行国家标准《普通混凝土拌合物性能试验方法标准》

(GB/T 50080—2002)的规定。

(3)每盘混凝土试配的最小搅拌量应符合表7-15的规定,并不应小于搅拌机公称容量的1/4且不应大于搅拌机公称容量。

表7-15 每盘混凝土试配的最小搅拌量

粗集料最大公称粒径(mm)	最小搅拌的拌和物量(L)
≤31.5	20
40.0	25

(4)在计算配合比的基础上进行试拌。计算水胶比宜保持不变,并应通过调整配合比其他参数使混凝土拌和物性能符合设计和施工要求,然后修正计算配合比,提出试拌配合比。

(5)应在试拌配合比的基础上,进行混凝土强度试验,并应符合下列规定:

①应至少采用三个不同的配合比。当采用三个不同的配合比时,其中一个应为步骤(4)确定的试拌配合比,另外两个配合比的水胶比宜较试拌配合比分别增加或减少0.05,用水量应与试拌配合比相同,砂率可分别增加或减少1%。

②进行混凝土强度试验时,应继续保持拌和物性能符合设计和施工要求。

③进行混凝土强度试验时,每个配合比至少应制作一组试件,标准养护到28 d或设计规定龄期时试压。

2.配合比的调整与确定

(1)配合比调整应符合下述规定:

①根据本节"三、(六)(5)"混凝土强度试验结果,宜绘制强度和胶水比的线性关系图或插值法确定略大于配制强度的强度对应的胶水比。

②在试拌配合比的基础上,用水量 m_w 和外加剂用量 m_a 应根据确定的水胶比作调整。

③胶凝材料用量 m_b 应以用水量乘以确定的胶水比计算得出。

④粗集料用量 m_g 和细集料用量 m_s 应在用水量和胶凝材料用量的基础上进行调整。

(2)混凝土拌和物表观密度和配合比校正系数的计算应符合下列规定:

①配合比调整后的混凝土拌和物的表观密度应按下式计算

$$\rho_{c,c} = m_c + m_f + m_g + m_s + m_w \tag{7-47}$$

②混凝土配合比校正系数按下式计算

$$\delta = \frac{\rho_{c,t}}{\rho_{c,c}} \tag{7-48}$$

式中 δ——混凝土配合比校正系数;

$\rho_{c,t}$——混凝土拌和物表观密度实测值,kg/m^3;

$\rho_{c,c}$——混凝土拌和物表观密度计算值,kg/m^3。

(3)当混凝土拌和物表观密度实测值与计算值之差的绝对值不超过计算值的2%时,按本节"三、(六)2. 配合比的调整与计算"调整的配合比可维持不变;当二者之差超过2%时,应将配合比中每项材料用量均乘以校正系数 δ。

(4)配合比调整后,应测定拌和物水溶性氯离子含量,试验结果应符合表7-6的规定。

(5)对耐久性有设计要求的混凝土应进行相关耐久性试验验证。

(6)生产单位可根据常用材料设计出常用的混凝土配合比备用,并应在使用过程中予以验证或调整。遇有下列情况之一时,应重新进行配合比设计:

①对混凝土性能有特殊要求时。

②水泥外加剂或矿物掺合料品种质量有显著变化时。

第五节 普通混凝土长期性能和耐久性能

一、目的及适用范围

(一)目的

为了规范和统一混凝土长期性能和耐久性能试验方法,提高混凝土试验和检测水平,制定本标准。

(二)适用范围

本标准适用于工程建设活动中对普通混凝土进行的长期性能和耐久性能试验。

二、采用标准

采用的标准为《普通混凝土长期性能和耐久性能试验方法标准》(*GB/T* 50082—2009)。

三、一般要求

(一)混凝土取样

(1)混凝土取样应符合现行国家标准《普通混凝土拌合物性能试验方法标准》(*GB/T* 50080—2002)中的规定。

(2)每组试件所用的拌和物应从同一盘混凝土或同一车混凝土中取样。

(二)试件的横截面尺寸

(1)试件的最小横截面尺寸宜按表 7-22 的规定选用。

(2)集料最大公称粒径应符合现行行业标准《普通混凝土用砂、石质量及检验方法标准》(*JGJ* 52—2006)的规定。

(3)试件应采用符合现行行业标准《混凝土试模》(*JG* 237—2008)规定的试模制作。

表 7-22 试件的最小横截面尺寸

集料最大公称粒径(*mm*)	试件最小横截面尺寸(*mm*)
31.5	100×100 或$100
40.0	150×150 或$150
63.0	200×200 或$200

(三)试件的制作和养护

(1)试件的制作和养护应符合现行国家标准《普通混凝土力学性能试验方法标准》(*GB/T* 50081—2002)中的规定。

(2)在制作混凝土长期性能和耐久性能试验用试件时,不应采用憎水性脱模剂。

(3)在制作混凝土长期性能和耐久性能试验用试件时,宜同时制作与相应耐久性能试验龄期对应的混凝土立方体抗压强度用试件。

(4)在制作混凝土长期性能和耐久性能试验用试件时,所采用的振动台和搅拌机应分别符合现行行业标准《混凝土试验用振动台》(*JG/T* 245—2009)和《混凝土试验用搅拌机》(*JG* 244—2009)的规定。

四、抗冻试验

(一)适用范围

抗冻试验适用于测定混凝土试件在气冻水融条件下,以经受的冻融循环次数来表示的混凝土抗冻性能。

(二)采用标准

采用的标准为《普通混凝土长期性能和耐久性能试验方法标准》(*GB/T* 50082—2009)。

(三)慢冻法

慢冻法抗冻试验所采用的试件应符合下列规定:

(1)试验应采用尺寸为100 *mm*×100 *mm*×100*mm* 的立方体试件。

(2)慢冻法试验所需要的试件组数应符合表7-23的规定,每组试件应为3块。

表7-23 慢冻法试验所需要的试件组数

设计抗冻标号	*D*25	*D*50	*D*100	*D*150	*D*200	*D*250	*D*300	*D*300以上
检查强度所需冻融次数	25	50	50及100	100及150	150及200	200及250	250及300	300及设计次数
签定28 *d* 强度所需试件组数	1	1	1	1	1	1	1	1
冻融试件组数	1	1	2	2	2	2	2	2
对比试件组数	1	1	2	2	2	2	2	2
总计试件组数	3	3	5	5	5	5	5	5

五、抗水渗透试验

(一)渗水高度法

1.使用范围

渗水高度法适用于以测定硬化混凝土在恒定水压力下的平均渗水高度来表示的混凝土抗水渗透性能。

2.采用标准

采用的标准为《普通混凝土长期性能和耐久性能试验方法标准》(*GB/T* 50082—2009)。

3. 试验设备

(1)混凝土抗渗仪应符合现行行业标准《混凝土抗渗仪》(*JG/T* 249—2009)的规定,并应能使水压按规定的制度稳定地作用在试件上。抗渗仪施加水压力范围应为 0.1 ~ 2.0 *MPa*。

(2)试模应采用上口内部直径为 175 *mm*、下口内部直径为 185 *mm* 和高度为 150 *mm* 的圆台体。

(3)密封材料宜用石蜡加松香或水泥加黄油等材料,也可采用橡胶套等其他有效密封材料。

(4)梯形板(见图 7-10)应采用尺寸为 200 *mm* ×200 *mm* 透明材料制成,并应画有十条等间距、垂直于梯形底线的直线。

(5)钢尺的分度值应为 1 *mm*。

(6)钟表的分度值应为 1 *min*。

(7)辅助设备应包括螺旋加压器、烘箱、电炉、浅盘、铁锅和钢丝刷等。

(8)安装试件的加压设备可为螺旋加压或其他加压型式,其压力应能保证将试件压入试件套内。

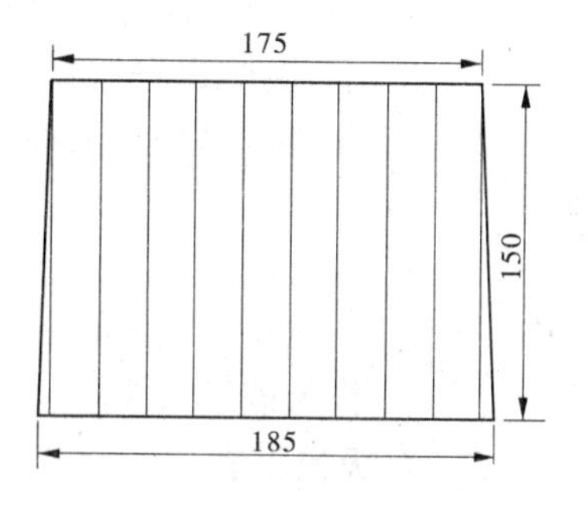

图 7-10 梯形板示意图

4. 试验步骤

(1)应先按 *GB/T* 50082—2009 第 3 章规定的方法进行试件的制作和养护。抗水渗透试验应以 6 个试件为一组。

(2)试件拆模后,应用钢丝刷刷去两端面的水泥浆膜,并应立即将试件送入标准养护室进行养护。

(3)抗水渗透试验的龄期宜为 28 *d*。应在到达试验龄期的前一天,从养护室取出试件,并擦拭干净。待试件表面晾干后,应按下列方法进行试件密封:

①当用石蜡密封时,应在试件侧面裹涂一层熔化的内加少量松香的石蜡。然后应用螺旋加压器将试件压入经过烘箱或电炉预热过的试模中,使试件与试模底平齐,并应在试模变冷后解除压力。试模的预热温度,应以石蜡接触试模,即缓慢熔化,但不流淌为准。

②用水泥加黄油密封时,其质量比应为(2.5 ~3):1。应用三角刀将密封材料均匀地刮涂在试件侧面上,厚度应为 1 ~2 *mm*。应套上试模并将试件压入,应使试件与试模底齐平。

③试件密封也可以采用其他更可靠的密封方式。

(4)试件准备好之后,启动抗渗仪,并开通 6 个试位下的阀门,使水从 6 个孔中渗出,水应充满试位坑,在关闭 6 个试位下的阀门后应将密封好的试件安装在抗渗仪上。

(5)试件安装好以后,应立即开通 6 个试位下的阀门,使水压在 24 *h* 内恒定控制在(1.2 ±0.05) *MPa*,且加压过程不应大于 5 *min*,应以达到稳定压力的时间作为试验记录起始时间(精确至 1 *min*)。在稳压过程中随时观察试件端面的渗水情况,当有某一个试件端面出现渗水时,应停止该试件的试验并应记录时间,并以试件的高度作为该试件的渗水高度。对于试件端面未出现渗水的情况,应在试验 24 *h* 后停止试验,并及时取出试件。在试验过程中,当发现水从试件周边渗出时,应重新按抗水渗透试验的规定进行密封。

(6)将从抗渗仪上取出来的试件放在压力机上,并应在试件上、下两端面中心处沿直径方向各放一根直径为 6 *mm* 的钢垫条,并应确保它们在同一竖直平面内。然后开动压力机,将试件沿纵断面劈裂为两半。试件劈开后,应用防水笔描出水痕。

(7)应将梯形板放在试件劈裂面上,并用钢尺沿水痕等间距量测 10 个测点的渗水高度值,读数应精确至 1 *mm*。当读数时若遇到某测点被集料阻挡,可以靠近集料两端的渗水高度算术平均值来作为该测点的渗水高度。

5. 试验结果计算及处理

(1)试件渗水高度应按下式进行计算

$$\overline{h_i} = \frac{1}{10}\sum_{j=1}^{m} h_j \tag{7-57}$$

式中 h_j——第 i 个试件第 j 个测点处的渗水高度,*mm*;

$\overline{h_i}$——第 i 个试件的平均渗水高度,*mm*,应以 10 个测点渗水高度的平均值作为该试件渗水高度的测定值。

(2)一组试件的平均渗水高度应按下式进行计算

$$\overline{h} = \frac{1}{6}\sum_{i=1}^{6} \overline{h_i} \tag{7-58}$$

式中 $\overline{h}$——一组 6 个试件的平均渗水高度,*mm*,应以一组 6 个试件渗水高度的算术平均值作为该组试件渗水高度的测定值。

(二)逐级加压法

1. 使用范围

逐级加压法适用于通过逐级施加水压力来测定以抗渗等级来表示的混凝土的抗水渗透性能。

2. 采用标准

采用的标准为《普通混凝土长期性能和耐久性能试验方法标准》(*GB/T* 50082—2009)。

3. 试验设备

应符合本标准渗水高度法的规定。

4. 试验步骤

(1)首先应按本节“六(一)4. 试验步骤”的规定进行试件的密封和安装。

(2)试验时,水压应从 0.1 *MPa* 开始,以后应每隔 8 *h* 增加 0.1 *MPa* 水压,并应随时观察试件端面渗水情况。当 6 个试件中有 3 个试件表面出现渗水时,或加至规定压力(设计抗渗等级)在 8 *h* 内 6 个试件中表面渗水试件少于 3 个时,可停止试验,并记下此时的水压力。在试验过程中,当发现水从试件周边渗出时,应按本节“六(一)4. 试验步骤”的规定重新进行密封。

混凝土的抗渗等级应以每组 6 个试件中有 4 个试件未出现渗水时的最大水压力乘以 10 来确定。混凝土的抗渗等级应按下式计算

$$P = 10H - 1 \tag{7-59}$$

式中 P——混凝土抗渗等级;

H——6 个试件中有 3 个试件渗水时的水压力,*MPa*。

第六节　混凝土强度检验评定

一、目的及使用范围

为了统一混凝土强度的检验评定方法,保证混凝土强度符合混凝土工程质量的要求。用于混凝土强度的检验评定。

二、采用标准

采用的标准为《混凝土强度检验评定标准》(*GB/T* 50107—2010)。

三、基本规定

(1)混凝土的强度等级应按立方体抗压强度标准值划分。混凝土强度等级应采用符号 *C* 与立方体抗压强度标准值(以 N/mm^2 计)表示。

(2)立方体抗压强度标准值应为按标准方法制作和养护的边长为 100 *mm* 的立方体试件,用标准试验方法在 28 *d* 龄期测得的混凝土抗压强度总体分布中的一个值,强度低于该值的概率应为 5%。

(3)混凝土强度应分批进行检验评定。一个检验批的混凝土应由强度等级相同、试验龄期相同、生产工艺条件和配合比基本相同的混凝土组成。

(4)对大批量、连续生产混凝土的强度应按规定的统计方法评定。对小批量或零星生产混凝土的强度应按规定的非统计方法评定。

四、混凝土的取样与试验

(一)混凝土的取样

(1)混凝土的取样宜根据本标准规定的检验评定方法要求制定检验批的划分方案和相应的取样计划。

(2)混凝土强度试样应在混凝土的浇筑地点随机抽取。

(3)试件的取样频率和数量应符合下列规定:

①每 100 盘,但不超过 100 m^3 的同配合比混凝土,取样次数不应少于一次。

②每一工作班拌制的同配合比混凝土,不足 100 盘和 100 m^3 时其取样次数不应少于一次。

③当一次连续浇筑的同配合比混凝土超过 1 000 m^3 时,每 200 m^3 取样不应少于一次。

④对于房屋建筑,每一楼层、同一配合比的混凝土,取样不应少于一次。

(4)每批混凝土试样应制作的试件总组数,除满足混凝土强度的检验评定规定的混凝土强度评定所必需的组数外,还应留置为检验结构或构件施工阶段混凝土强度所必需的试件。

(二)混凝土试件的制作与养护

(1)每次取样应至少制作一组标准养护试件。

(2)每组 3 个试件应由同一盘或同一车的混凝土中取样制作。

(3)检验评定混凝土强度用的混凝土试件,其成型方法及标准养护条件应符合现行国家标准《普通混凝土力学性能试验方法标准》(*GB/T* 50081—2002)的规定。

(4)采用蒸汽养护的构件,其试件应先随构件同条件养护,然后应置入标准养护条件下继续养护,两段养护时间的总和应为设计规定龄期。

(三)混凝土试件的试验

混凝土试件的立方体抗压强度试验应根据现行国家标准《普通混凝土力学性能试验方法标准》(*GB/T* 50081—2002)的规定执行。每组混凝土试件强度代表值的确定应符合下列规定:

(1)取3个试件强度的算术平均值作为每组试件的强度代表值。

(2)当一组试件中强度的最大值或最小值与中间值之差超过中间值的15%时,取中间值作为该组试件的强度代表值。

(3)当一组试件中强度的最大值和最小值与中间值之差均超过中间值的15%时,该组试件的强度不应作为评定的依据。

注:对掺矿物掺合料的混凝土进行强度评定时,可根据设计规定,采用大于28 *d* 龄期的混凝土强度。

当采用非标准尺寸试件时,应将其抗压强度乘以尺寸折算系数,折算成边长为100 *mm* 的标准尺寸试件抗压强度。尺寸折算系数按下列规定采用:

(1)当混凝土强度等级低于 *C*60 时,对边长为100 *mm* 的立方体试件取0.95,对边长为200 *mm* 的立方体试件取1.05。

(2)当混凝土强度等级不低于 *C*60 时,宜采用标准尺寸试件;使用非标准尺寸试件时,尺寸折算系数应由试验确定,其试件数量不应少于30组。

五、混凝土强度的检验评定

(一)统计方法评定

(1)采用统计方法评定时,应按下列规定进行:

①当连续生产的混凝土,生产条件在较长时间内保持一致,且同一品种、同一强度等级混凝土的强度变异性保持稳定时,应按本节"五、(一)(2)"的规定进行评定。

②其他情况应按本节"五、(一)(3)"的规定进行评定。

(2)一个检验批的样本容量应为连续的3组试件,其强度应同时符合下列规定

$$m_{f_{cu}} \geqslant f_{cu,k} + 0.7\sigma_0 \tag{7-76}$$

$$f_{cu,min} \geqslant f_{cu,k} - 0.7\sigma_0 \tag{7-77}$$

检验批混凝土立方体抗压强度的标准差应按下式计算

$$\sigma_0 = \sqrt{\frac{\sum_{i=1}^{n} f_{cu,i}^2 - nm_{f_{cu}}^2}{n-1}} \tag{7-78}$$

当混凝土强度等级不高于 *C*20 时,其强度的最小值尚应满足下式要求

$$f_{cu,min} \geqslant 0.85 f_{cu,k} \tag{7-79}$$

当混凝土强度等级高于 *C*20 时,其强度的最小值尚应满足下列要求

$$f_{cu,min} \geqslant 0.90 f_{cu,k} \tag{7-80}$$

式中　$m_{f_{cu}}$——同一检验批混凝土立方体抗压强度的平均值，N/mm^2，精确到 0.1 N/mm^2；

$f_{cu,k}$——混凝土立方体抗压强度标准值，N/mm^2，精确到 0.1 N/mm^2；

σ_0——检验批混凝土立方体抗压强度的标准差，N/mm^2，精确到 0.01 N/mm^2，当检验批混凝土强度标准差 σ_0 计算值小于 2.0 N/mm^2 时，应取 2.5 N/mm^2；

$f_{cu,i}$——前一个检验期内同一品种、同一强度等级的第 i 组混凝土试件的立方体抗压强度代表值，N/mm^2，精确到 0.1 N/mm^2，该检验期不应少于 60 d，也不得大于 90 d；

n——前一检验期内的样本容量，在该期间内样本容量不应少于 45；

$f_{cu,min}$——同一检验批混凝土立方体抗压强度的最小值，N/mm^2，精确到 0.1 N/mm^2。

（二）非统计方法评定

（1）当用于评定的样本容量小于 10 组时，应采用非统计方法评定混凝土强度。

（2）按非统计方法评定混凝土强度时，其强度应同时符合下列规定

$$m_{f_{cu}} \geqslant \lambda_3 f_{cu,k}$$
$$f_{cu,min} \geqslant \lambda_4 f_{cu,k} \tag{7-81}$$

式中　λ_3、λ_4——合格评定系数，应按表 7-29 取用。

表 7-29　混凝土强度的非统计法合格评定系数

混凝土强度等级	< C60	≥C60
λ_3	1.15	1.10
λ_4	0.95	

（三）混凝土强度的合格性评定

（1）当检验结果满足（一）、2、3 和（二）的规定时，则该批混凝土强度应评定为合格；当不能满足上述规定时，该批混凝土强度应评定为不合格。

（2）对被评定为不合格批的混凝土，可按国家现行的有关标准进行处理。

第八章　建筑砂浆

建筑砂浆是由胶凝材料、细集料和水按一定比例拌制而成的一种广泛应用的建筑材料。常用的胶凝材料有水泥、石灰等无机材料，而细集料多数情况下则采用天然砂。它主要用于房屋建设及一般构筑物中砌筑、抹灰等工程。

建筑砂浆按胶凝材料的不同，可分为水泥砂浆、石灰砂浆和混合砂浆等；按用途可分为砌筑砂浆和抹灰砂浆，此外还有一些保温、吸声用的砂浆。

建筑砂浆的强度等级分为 M5、M7.5、M10、M15、M20、M25、M30 等七个等级。

第一节　砌筑砂浆的配合比设计

一、定义

用于砌筑砖、石、砌块等砌体的砂浆统称为砌筑砂浆。

二、质量要求

（一）原材料要求

（1）水泥。常用的水泥品种有普通水泥、矿渣水泥、火山灰水泥、粉煤灰水泥和砌筑水泥等，其强度等级应根据砂浆强度等级进行选择。通常水泥强度等级为砂浆强度等级的 4～5 倍，并且水泥砂浆采用的水泥强度等级不宜大于 42.5 级；水泥混合砂浆采用的水泥强度等级不宜大于 52.5 级。严禁使用废品水泥。

（2）砂。砌筑砂浆宜采用中砂，毛石砌体宜采用粗砂。所用砂应过筛，不得含有草根等杂物。当水泥砂浆、混合砂浆的强度等级≥M5 时，砂含泥量≤5%；当强度等级＜M5 时，砂含泥量≤10%。

（3）石灰。当生石灰熟化成石灰膏时，应用孔径不大于 3 mm×3 mm 的网过滤，并使其充分熟化，熟化时间不得少于 7 d。沉淀池中贮存的石灰膏，应防止干燥、冻结和污染，其稠度为（120±5）mm。严禁使用脱水硬化的石灰膏。

磨细生石灰是由块状生石灰磨细而得到的细粉，其细度用 0.08 mm 筛的筛余量不应大于 15%。

消石灰粉不得直接用于砌筑砂浆中。

（4）水。应采用不含有害物质的洁净水。

（二）砂浆的质量要求

（1）满足设计种类和强度等级要求。

（2）砂浆的稠度应满足表 8-1 的要求。

表 8-1 砌筑砂浆适宜稠度

项次	砌体种类	砂浆稠度(mm)
1	烧结普通砂砌体、粉煤灰砖砌体	70 ~ 90
2	混凝土砖砌体、普通混凝土小型空心砌块砌体、灰砂砖砌体	50 ~ 70
3	烧结多孔砖砌体、烧结空心砖砌体、轻集料混凝土小型空心砌块砌体、蒸压加气混凝土砌块砌体	60 ~ 80
4	石砌体	30 ~ 50

(3)保水性能良好(分层度不大于 30 mm)。

(4)砂浆试配时应拌和均匀。采用机械搅拌时,投料后搅拌时间不得少于 120 s;人工拌和时,则以搅拌到砂浆的颜色均匀一致,其中没有疙瘩为合格。

(三)砂浆强度等级

砌筑砂浆强度等级是采用尺寸为 7.07 cm × 7.07 cm × 7.07 cm 的立方体试件,在标准温度(20 ± 3)℃及一定湿度条件下养护 28 d 的平均抗压极限强度(MPa)而确定的。

砌筑砂浆强度等级宜采用 M15、M10、M7.5、M5。

三、砌筑砂浆的配合比

(一)配合比计算

计算砂浆的配合比,就是要算出 1 m^3 砂浆中水泥、石灰膏、砂子的用量。砌筑砂浆配合比的计算步骤如下。

1. 计算砂浆试配强度

$$f_{m,0} = kf_2 \tag{8-1}$$

式中 $f_{m,0}$——砂浆的试配强度,精确至 0.1 MPa;

f_2——砂浆设计强度(即砂浆抗压强度平均值),MPa;

k——系数,按施工水平选取,优良取 1.15,一般取 1.20,较差取 1.25。

砌筑砂浆现场强度标准差 σ 应按以下规定确定:

(1)当施工单位具有近期同类砂浆(是指砂浆强度等级相同,配合比和生产工艺条件基本相同的砂浆)28 d 的抗压强度资料时,砂浆强度标准差 σ 应按下列公式计算:

$$\sigma = \sqrt{\frac{\sum_{i=1}^{n} f_{m,i}^2 - N\mu_{fm}^2}{N-1}} \tag{8-2}$$

式中 $f_{m,i}$——统计周期内同一品种砂浆第 i 组试件强度,MPa;

μ_{fm}——统计周期内同一品种砂浆第 n 组试件强度的平均值,MPa;

N——统计周期内同一品种砂浆试件的总组数,$N \geqslant 25$。

(2)当施工单位不具有近期同类砂浆强度的统计资料时,其现场砂浆强度标准差 σ 可按表 8-2 取用。

表 8-2　砂浆强度标准差 σ 及 k 值　　（单位：MPa）

施工水平	强度标准差 σ（MPa）							k
	强度等级							
	M5	M7.5	M10	M15	M20	M25	M30	
优良	1.00	1.50	2.00	3.00	4.00	5.00	6.00	1.15
一般	1.25	1.88	2.50	3.75	5.00	6.25	7.50	1.20
较差	1.50	2.25	3.00	4.50	6.00	7.50	9.00	1.25

σ 值的确定与砂浆的生产质量水平有关。砂浆的生产质量水平可分为“优良”、“一般”和“较差”三种。“优良”者，一般需要对砂浆生产过程实行有效的质量控制，具有健全的管理制度；“一般”者，虽有质量管理制度，但没有很好地执行；“较差”者，各项管理制度不健全，或不切实执行管理制度，不能推行全面质量管理。

2. 水泥用量的计算

$$Q_c = \frac{1\,000(f_{m,0} - B)}{Af_{ce}} \tag{8-3}$$

式中　Q_c——每立方米砂浆的水泥用量，kg/m³；

$f_{m,0}$——砂浆的试配强度，MPa；

A、B——砂浆的特征系数，A 取 3.03，B 取 −15.09，各地区也可用当地试验资料确定 A、B 值，统计用的试验组数不得少于 30 组，当计算出水泥砂浆中的水泥计算用量不足 200 kg/m³ 时，应按 200 kg/m³ 采用；

f_{ce}——水泥的实测强度，精确至 0.1 MPa，若无法取得水泥的实测强度值，可用下式计算：

$$f_{ce} = \gamma_c f_{ce,k} \tag{8-4}$$

式中　$f_{ce,k}$——水泥强度等级对应的强度值，MPa；

γ_c——水泥强度等级值的富余系数，该值应按实际统计资料确定，无统计资料时 γ_c 取 1.0。

3. 水泥混合砂浆的掺加料用量计算

$$Q_D = Q_A - Q_C \tag{8-5}$$

式中　Q_D——1 m³ 砂浆的掺加料用量，kg/m³；

Q_C——1 m³ 砂浆的水泥用量，kg/m³；

Q_A——1 m³ 砂浆中胶结料和掺加料的总量，kg/m³，一般应为 300～350 kg/m³。

石灰膏不同稠度时，其换算系数按表 8-3 进行选取。

表 8-3　石灰膏不同稠度时的换算系数

石灰膏稠度（mm）	120	110	100	90	80	70	60	50	40	30
换算系数	1.00	0.99	0.97	0.95	0.93	0.92	0.90	0.88	0.87	0.86

4. 确定砂用量

砂用量应以干燥状态（含水率小于 0.5%）的堆积密度值作为计算值。

5. 确定用水量

用水量可根据砂浆稠度等要求选用 210 ~ 310 kg，各种砂浆每立方米用水量选用值见表 8-4。

表 8-4　1 m^3 砂浆中用水量选用值

砂浆品种	混合砂浆	水泥砂浆
用水量(kg/m^3)	260 ~ 300	270 ~ 330

注：1. 混合砂浆中的用水量，不包括石灰膏或黏土膏中的水。

2. 当采用细砂或粗砂时，用水量分别取上限或下限。

3. 稠度小于 70 mm 时，用水量可小于下限。

4. 施工现场气候炎热或干燥季节，可酌量增加水量。

6. 计算配合比(质量比)

$$Q_C : Q_D : Q_S : Q_W = 1 : \frac{Q_D}{Q_C} : \frac{Q_S}{Q_C} : \frac{Q_W}{Q_C} \tag{8-6}$$

(二)配合比试配、调整与确定

(1)按计算配合比进行试拌，测定其拌和物的稠度和分层度，若不能满足要求，则应调整用水量或掺加料，直到符合要求。然后确定为试配时的砂浆基准配合比(试配时应采用工程中实际使用的材料，搅拌方法应与生产时使用的方法相同)。

(2)试配时，至少应采用 3 个不同的配合比，其中 1 个为基准配合比，另外 2 个配合比的水泥用量按基准配合比分别增加及减少 10%，在保证稠度、分层度合格的条件下，可将用水量或掺加料用量作相应调整。

第二节　砂浆基本性能试验

一、拌和物取样及试样制备

(1)建筑砂浆试验用料应根据不同要求，可从同一搅拌机或同一车运送的砂浆中取出，在实验室取样时，可从机械或人工拌和的砂浆中取出。

(2)施工取样进行砂浆试验时，其取样方法和原则按相应的施工验收规范执行。应在使用地点的砂浆槽、砂浆运送车或搅拌机出料口等 3 个不同部位集取。所取试样的数量应多于试验用料的 1 ~ 2 倍。

(3)实验室拌制砂浆进行试验时，拌和用的材料要求提前运入室内，拌和时实验室的温度应保持在(20 ± 5)℃。

注：需要模拟施工条件下所用的砂浆时，实验室原材料的温度宜与施工现场保持一致。

(4)试验用水泥和其他原材料应与现场使用材料一致。水泥如有结块，应充分混合均匀，以 0.9 mm 筛过筛。砂应以 5 mm 筛过筛。

(5)实验室拌制砂浆时，材料应称重计量。称量的精确度：水泥、外加剂等为 ±0.5%，砂、石灰膏、黏土膏、粉煤灰和磨细生石灰粉为 ±1%。

(6)实验室用搅拌机搅拌砂浆时，搅拌的用量不宜少于搅拌机容量的 20%，搅拌时间不少于 2 min。

(7)砂浆拌和物取样后,应尽快进行试验。现场取来的试样,在试验前应经人工再翻拌,以保证其质量均匀。

二、稠度试验

(一)目的及适用范围

本方法适用于确定砂浆配合比或施工过程中控制砂浆的稠度,以达到控制用水量的目的。

(二)采用标准

《建筑砂浆基本性能试验方法标准》(JGJ /T 70—2009)。

(三)仪器设备

(1)砂浆稠度测定仪。由试锥、容器和支座三部分组成(见图 8-1)。试锥由钢材或铜材制成,试锥高度为 145 mm,锥底直径为 75 mm,试锥连同滑杆的质量应为 300 g;盛砂浆容器由钢板制成,筒高为 180 mm,锥底内径为 150 mm;支座分底座、支架及刻度显示三个部分,由铸铁、钢及其他金属制成。

(2)钢制捣棒。直径为 10 mm,长为 350 mm,端部磨圆。

(3)秒表等。

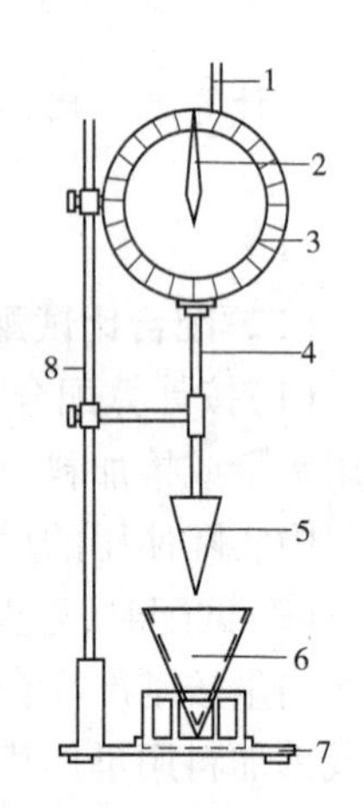

1—齿条测杆;2—指针;3—刻度盘;4—滑杆;5—圆锥体;6—圆锥筒;7—底座;8—支架

图 8-1 砂浆稠度测定仪

(四)试验步骤

(1)盛浆容器和试锥表面用湿布擦干净,并用少量润滑油轻擦滑杆,后将滑杆上多余的油用吸油纸擦净,使滑杆自由滑动。

(2)将砂浆拌和物一次装入容器,使砂浆表面低于容器口 10 mm 左右,用捣棒自容器中心向边缘插捣 25 次,然后轻轻地将容器摇动或敲击 5 ~6 下,使砂浆表面平整,随后将容器置于稠度测定仪的底座上。

(3)拧开试锥滑杆的制动螺丝,向下移动滑杆,当试锥尖端与砂浆表面刚接触时,拧紧制动螺丝,使齿条侧杆下端刚接触滑杆上端,并将指针对准零点上。

(4)拧开制动螺丝,同时计时间,待 10 s 之后立即固定螺丝,将齿条测杆下端接触滑杆上端,从刻度盘上读出下沉深度(精确至 1 mm),即为砂浆的稠度值。

(5)圆锥形容器内的砂浆,只允许测定一次稠度,重复测定时,应重新取样测定。

(五)结果计算及评定

(1)取两次试验结果的算术平均值,计算值精确至 1 mm。

(2)两次试验值之差如大于 20 mm,则应另取砂浆搅拌后重新测定。

三、密度试验

(一)目的及适用范围

本方法用于测定砂浆拌和物捣实后的质量密度,以确定每立方米砂浆拌和物中各组成材料的实际用量。

（二）采用标准

《建筑砂浆基本性能试验方法标准》（JGJ/T 70—2009）。

（三）仪器设备

（1）容量筒：金属制成，内径为108 mm，净高为109 mm，筒壁厚2 mm，容积为1 L。

（2）托盘天平：称量为5 kg，感量为5 g。

（3）钢制捣棒：直径为10 mm，长为350 mm，端部磨圆。

（4）砂浆稠度仪。

（5）水泥胶砂振动台：振幅为（0.85 ±0.05）mm，频率为（50 ±3）Hz。

（6）秒表。

（四）试验步骤

（1）首先将拌好的砂浆，按本节“二、稠度试验”测定稠度，当砂浆稠度大于50 mm时，应采用插捣法，当砂浆稠度不大于50 mm时，宜采用振动法。

（2）试验前称出容量筒的质量，精确至5 g。然后将容量筒的漏斗套上（见图8-2），将砂浆拌和物装满容量筒并略有富余。根据稠度选择试验方法。

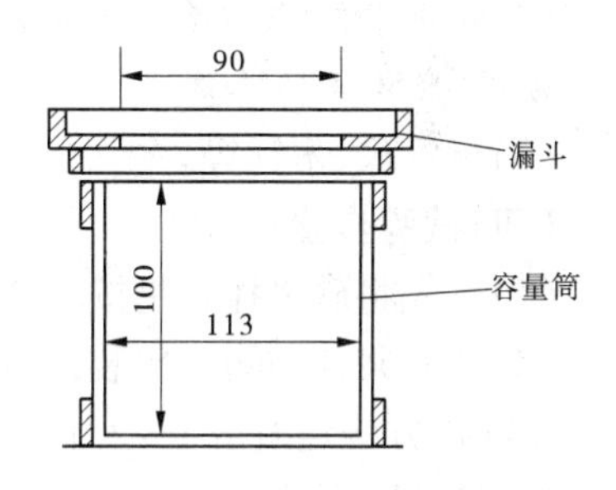

图8-2 砂浆密度测定仪

采用插捣法时，将砂浆拌和物一次装满容量筒，使稍有富余，用捣棒均匀插捣25次，插捣过程中如砂浆沉落低于筒口，则应随时添加砂浆，再敲击5～6下。

采用振动法时，将砂浆拌和物一次装满容量筒，连同漏斗在振动台上振10 s，振动过程中如砂浆沉落低于筒口，则应随时添加砂浆。

（3）捣实或振动后将筒口多余的砂浆拌和物刮去，使表面平整，然后将容量筒外壁擦净，称出砂浆与容量筒的总质量，精确至5 g。

（五）结果计算

砂浆拌和物的质量密度ρ（以kg/m^3计）按下列公式计算：

$$\rho = \frac{m_2 - m_1}{V} \times 1\ 000 \qquad (8\text{-}7)$$

式中 m_1——容量筒质量，kg；

m_2——容量筒及试样质量，kg；

V——容量筒容积，L。

（六）结果评定

质量密度由两次试验结果的算术平均值确定，计算精确至10 kg/m^3。

注：容量筒容积的校正，可采用1块能覆盖住容量筒顶面的玻璃板，先称出玻璃板和容量筒重，然后向容量筒中灌入温度为（20 ±5）℃的饮用水，灌到接近上口时，一边不断加水，一边把玻璃板沿筒口徐徐推入盖严。注意使玻璃板下不带入任何气泡。然后擦净玻璃板面及筒壁外的水分，将容量筒和水连同玻璃板称重（精确至5 g）。后者与前者称量之差（以kg计）即为容量筒的容积（L）。

四、分层度试验

（一）目的及适用范围

本方法适用于测定砂浆拌和物在运输及停放时内部组分的稳定性。

（二）采用标准

《建筑砂浆基本性能试验方法标准》（JGJ/T 70—2009）。

（三）仪器设备

（1）砂浆分层度筒（见图 8-3）：内径为 150 mm，上节高度为 200 mm，下节带底净高为 100 mm，用金属板制成。上、下层连接处需加宽到 3 ~ 5 mm，并设有橡胶垫圈。

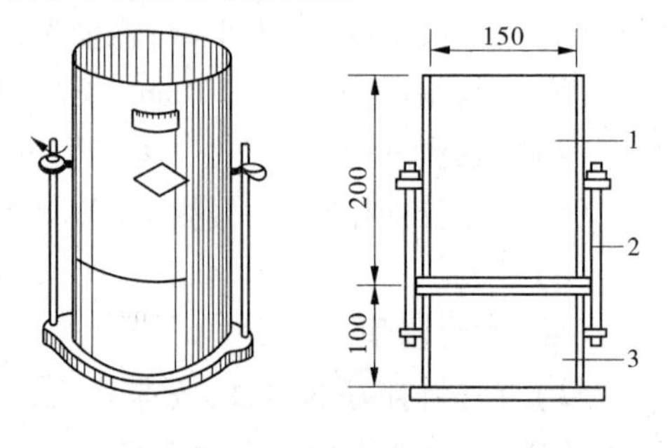

1—无底圆筒；2—连接螺栓；3—有底圆筒

图 8-3　砂浆分层度测定仪

（2）水泥胶砂振动台：振幅为（0.85 ± 0.05）mm，频率为（50 ± 3）Hz。

（3）稠度仪、木锤等。

（四）试验步骤

（1）首先将砂浆拌和物按本节“二、稠度试验”的方法测定稠度。

（2）将砂浆拌和物一次装入分层度筒内，待装满后用木锤在容器周围距离大致相等的四个不同地方轻轻敲击 1 ~ 2 下，如砂浆沉落低于筒口，则应随时添加，然后刮去多余的砂浆并用抹刀抹平。

（3）静置 30 min 后，去掉上节 200 mm 砂浆，剩余的 100 mm 砂浆倒出放在拌和锅内拌 2 min，再按本节“二、稠度试验”的方法测其稠度。前后测得的稠度之差即为该砂浆的分层度值（cm）。

注：试验步骤也可以采用快速法测定分层度，其步骤是：①按本节“二、稠度试验”的方法测定稠度；②将分层度筒预先固定在振动台上，砂浆一次装入分层度筒内，振动 20 s；③去掉上节 200 mm 砂浆，剩余 100 mm 砂浆倒出放在拌和锅内拌 2 min，再按本节“二、稠度试验”的方法测其稠度，前后测得的稠度之差即可以认为是该砂浆的分层度值，但如有争议，则以标准法为准。

（五）结果计算

（1）取两次试验结果的算术平均值作为该砂浆的分层度值。

（2）两次分层度试验值之差如大于 20 mm，应重做试验。

五、立方体抗压强度试验

（一）目的及适用范围

本方法适用于测定砂浆立方体的抗压强度。

（二）采用标准

《建筑砂浆基本性能试验方法标准》（JGJ /T 70—2009）。

（三）仪器设备

（1）试模为 70.7 mm × 70.7 mm × 70.7 mm 的立方体，由铸铁或钢制成，应具有足够的刚度并拆装方便。试模的内表面应机械加工,其不平度应为每 100 mm 不超过 0.05 mm。组装后各相邻面的不垂直度不应超过 ±0.5 度。

(2)捣棒:直径为 10 mm,长为 350 mm 的钢棒,端部应磨圆。

(3)压力试验机:精度应为 1%,其量程应能使试件的预期破坏荷载值不小于全量程的 20%,也不大于全量程的 80%。

(4)垫板:试验机上、下压板及试件之间可垫以钢垫板,垫板的尺寸应大于试件的承压面,其不平度应为每 100 mm 不超过 0.02 mm。

(四)试件制备

(1)制作砌筑砂浆试件时,应采用立方体试件,每组试件应为 3 个。

(2)试模内应涂刷薄层机油或隔离剂。

(3)向试模内一次注满砂浆,用捣棒均匀由外向里按螺旋方向插捣 25 次,为了防止低稠度砂浆插捣后,可能留下孔洞,允许用油灰刀沿模壁插数次,使砂浆高出试模顶面 6 ~ 8 mm。

(4)当砂浆表面开始出现麻斑状态时(15 ~ 30 min),将高出部分的砂浆沿试模顶面削去抹平。

(5)试件制作后应在(20 ±5)℃的环境下停置一昼夜(24 ±2)h,并对试件进行编号、拆模。当气温较低时,可适当延长时间,但不应超过两昼夜,试件拆模后应立即放入温度为(20 ±2)℃,相对湿度为 90% 以上的标准养护室中养护。从搅拌加水开始计时,标准养护龄期应为 28 d。

(五)试验步骤

(1)试件从养护地点取出后,应尽快进行试验,以免试件内部的温、湿度发生显著变化。试验前先将试件擦拭干净,测量尺寸,并检查其外观。试件尺寸测量精确至 1 mm,并据此计算试件的承压面积。如果实测尺寸与公称尺寸之差不超过 1 mm,可按公称尺寸进行计算。

(2)将试件安放在试验机的下压板上(或下垫板上),试件的承压面应与成型时的顶面垂直,试件中心应与试验机下压板(或下垫板)中心对准。开动试验机,当上压板与试件(或上垫板)接近时,调整球座,使接触面均衡受压。承压试验应连续而均匀地加荷,加荷速度应为 0.25 ~ 1.5 kN/s(当砂浆强度为 5 MPa 以下时,取下限为宜;当砂浆强度为 5 MPa 以上时,取上限为宜),当试件接近破坏而开始迅速变形时,停止调整试验机油门,直至试件破坏,然后记录破坏荷载。

(六)结果计算

砂浆立方体抗压强度应按下列公式计算:

$$f_{m,cu} = KN_u/A \tag{8-8}$$

式中 $f_{m,cu}$——砂浆立方体抗压强度,MPa;

K——换算系数,取 1.35;

N_u——立方体破坏压力,N;

A——试件承压面积,mm^2。

砂浆立方体抗压强度计算应精确至 0.1 MPa。

(七)结果评定

以 3 个试件测值的算术平均值作为该组试件的抗压强度值,平均值计算精确至 0.1 MPa。

当3个试件的最大值或最小值与中间值的差超过15%时，应把最大值及最小值一并舍去，取中间值作为该组试件的抗压强度值。

当两个测值与中间值的差值均超过中间值的15%时，该组试验结果应为无效。

六、抗冻性能试验

（一）目的及适用范围

本试验方法适用于砂浆强度等级大于M2.5(2.5 MPa)的试件在负温空气中冻结、正温水中溶解的方法进行抗冻性能检验。

（二）采用标准

《建筑砂浆基本性能试验方法标准》(JGJ /T 70—2009)。

（三）仪器设备

(1)冷冻箱(室)：装入试件后能使箱(室)内的温度保持在－20～－15 ℃的范围内。

(2)篮框：用钢筋焊成，其尺寸与所装试件的尺寸相适应。

(3)天平或案秤：称量为5 kg，感量为5 g。

(4)溶解水槽：装入试件后能使水温保持在15～20 ℃的范围内。

(5)压力试验机：精度(示值的相对误差)不超过±2%，量程能使试件的预期破坏荷载值不小于全量程的20%，也不大于全量程的80%。

（四）试件的制备

(1)砂浆抗冻试件采用70.7 mm×70.7 mm×70.7 mm的立方体试件，其试件组数除鉴定砂浆强度等级的试件之外，再制备两组(每组6块)，分别作为抗冻和与抗冻件同龄期的对比抗压强度检验试件。

(2)砂浆试件的制作与养护方法同本节"五、(四)试件制备"的规定。

（五）试验步骤

(1)试件在28 d龄期时进行冻融试验。试验前两天应把冻融试件和对比试件从养护室取出，进行外观检查并记录其原始状况；随后放入15～20 ℃的水中浸泡，浸泡的水面应至少高出试件顶面20 mm，该2组试件浸泡2 d后取出，并用拧干的湿毛巾轻轻擦去表面水分，然后编号，称其质量。冻融试件置入篮框进行冻融试验，对比试件则放入标准养护室中进行养护。

(2)冻或融时，篮框与容器底面或地面须架高20 mm，篮框内各试件之间应至少保持50 mm的间距。

(3)冷冻箱(室)内的温度均应以其中心温度为准。试件冻结温度应控制在－20～－15 ℃。当冷冻箱(室)内温度低于－15 ℃时，试件方可放入。如试件放入后，温度高于－15 ℃，则应以温度重新降至－15 ℃时计算试件的冻结时间。由装完试件至温度重新降至－15 ℃的时间不应超过2 h。

(4)每次冻结时间为4 h，冻后即可取出并应立即放入能使水温保持在15～20 ℃的水槽中进行溶化。此时，槽中水面应至少高出试件表面20 mm，试件在水中溶化的时间不应小于4 h。溶化完毕即为该次冻融循环结束。取出试件，送入冷冻箱(室)进行下一次循环试验，以此连续进行直至设计规定的次数或试件破坏。

(5)每5次循环，应进行一次外观检查，并记录试件的破坏情况；当该组试件6块中的4

块出现明显破坏(分层、裂开、贯通缝)时,则该组试件的抗冻性能试验应终止。

(6)冻融试验结束后,冻融试件与对比试件应同时进行称量、试压。如冻融试件表面破坏较为严重,应采用水泥净浆修补,找平后送入标准环境中养护 2 d 后与对比试件同时进行试压。

(六)结果计算

1. 砂浆试件冻融后的强度损失率

$$\Delta f_m = \frac{f_{m1} - f_{m2}}{f_{m1}} \times 100\% \tag{8-9}$$

式中 Δf_m——N 次冻融循环后的砂浆强度损失率(%);

f_{m1}——对比试件的抗压强度平均值,MPa;

f_{m2}——经 N 次冻融循环后的 6 块试件抗压强度平均值,MPa。

2. 砂浆试件冻融后的质量损失率

$$\Delta m_m = \frac{m_0 - m_n}{m_0} \times 100\% \tag{8-10}$$

式中 Δm_m——N 次冻融循环后的质量损失率,以 6 块试件的平均值计算(%);

m_0——冻融循环试验前的试件质量,kg;

m_n——N 次冻融循环后的试件质量,kg。

(七)结果评定

当冻融试件的抗压强度损失率不大于 25%,且质量损失率不大于 5%时,说明该组试件两项指标同时满足上述规定,则该组砂浆在试验的循环次数下,抗冻性能可定为合格,否则为不合格。

七、收缩试验

(一)目的及适用范围

本方法适用于测定建筑砂浆的自然干燥收缩值。

(二)采用标准

《建筑砂浆基本性能试验方法标准》(JGJ /T 70—2009)。

(三)仪器设备

(1)立式砂浆收缩仪:标准杆长度为(176 ±1)mm,测量精度为 0.01 mm(见图 8-4)。

(2)收缩头:由黄铜或不锈钢加工而成(见图 8-5)。

(3)试模:尺寸为 40 mm×40 mm×160 mm 的棱柱体,且在试模的两个端面中心,各开一个Φ6.5 的孔洞。

(四)试验步骤

(1)将收缩头固定在试模两端面的孔洞中,使收缩头露出试件端面(8 ±1)mm。

(2)将达到所需稠度的砂浆装入试模中,振动密实,置于(20 ±5)℃的预养室中,隔 4 h 之后将砂浆表面抹平,砂浆带模在标准养护条件(温度为(20 ±3)℃,相对湿度为 90% 以上)下养护,7 d 后拆模、编号、标明测试方向。

(3)将试件移入温度(20 ±2)℃,相对湿度(60 ±5)% 的测试室中预置 4 h,测定试件的初始长度,测定前,用标准杆调整收缩仪的百分表的原点,然后按标明的测试方向立即测定

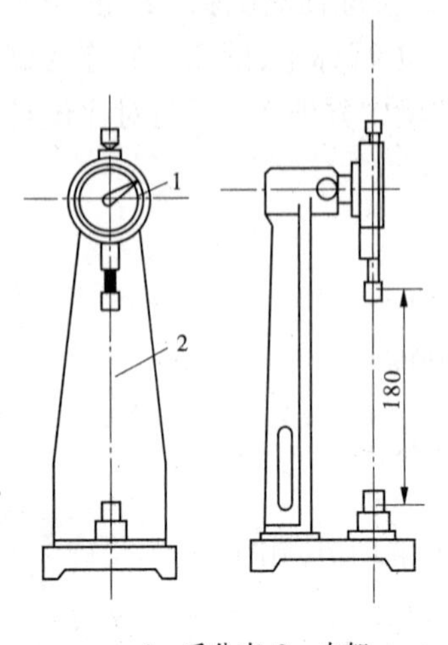

1—千分表;2—支架

图 8-4　收缩仪　(单位:mm)

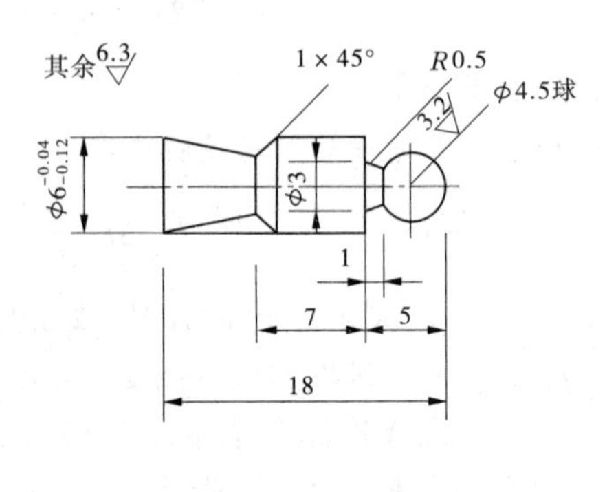

图 8-5　收缩头　(单位:mm)

试件的初始长度。

(4)测定砂浆试件初始长度后,将试件置于温度(20±2)℃,相对湿度为(60±5)%的室内,到7 d、14 d、21 d、28 d、42 d、56 d测定试件的长度,即为自然干燥后长度。

(五)结果计算

砂浆自然干燥收缩值应按下列公式计算:

$$\varepsilon_{at} = \frac{L_0 - L_t}{L - L_d} \tag{8-11}$$

式中　ε_{at}——相应为t(7 d、14 d、21 d、28 d、42 d、56 d)时的自然干燥收缩值;

L_0——试件成型后7 d的长度,即初始长度,mm;

L——试件的长度,160 mm;

L_d——两个收缩头埋入砂浆中长度之和,即(20±2)mm;

L_t——相应为t(7 d、14 d、21 d、28 d、42 d、56 d)时的自然干燥收缩长度,mm。

(六)结果评定

(1)干燥收缩值按3个试件测值的算术平均值来确定,如个别值与平均值偏差大于20%,应剔除,但①组至少有2个数据计算平均值。

(2)每块试件的干燥收缩值取2位有效数字,精确到10×10^{-6}。

第九章　砌墙砖

凡是由黏土、工业废料或其他地方资源为主要原料，以不同工艺制成的在建筑工程中用于砌筑承重用的墙砖统称为砌墙砖。砌墙砖是房屋建筑工程的主要墙体材料，具有一定的抗压强度，外形多为直角六面体。砌墙砖种类颇多，按其制造工艺区分有烧结砖、蒸养（压）砖、碳化砖；按原料区分有黏土砖、硅酸盐砖；按孔洞率分有实心砖和空心砖等。

本章主要介绍工程中用量最大的烧结普通砖。

第一节　烧结普通砖的质量标准及检验规则

一、定义、规格尺寸及各部位名称

用黏土质材料，如黏土、页岩、煤矸石、粉煤灰为原料，经过坯料调制，用挤出或压制工艺制坯、干燥，再经焙烧而成的实心或孔洞率不大于15%的砖称为烧结普通砖。采用的国家标准为《烧结普通砖》（GB 5101—2003）。其标准尺寸为240 mm×115 mm×53 mm。各部位名称是：①大面——承受压力的面称为大面，尺寸为240 mm×115 mm；②条面——垂直于大面的较长侧面称为条面，尺寸为240 mm×53 mm；③顶面——垂直于大面的较短侧面称为顶面，尺寸为115 mm×53 mm。

二、产品分类

（一）品种

烧结普通砖按主要原料分为黏土砖（N）、页岩砖（Y）、煤矸石砖（M）和粉煤灰砖（F）。

（二）质量等级

烧结普通砖根据抗压强度分为MU30、MU25、MU20、MU15、MU10。抗风化性能合格的砖，根据尺寸偏差、外观质量、泛霜和石灰爆裂等情况分为优等品（A）、一等品（B）、合格品（C）三个产品等级。优等品可用于清水墙，一等品、合格品可用于混水墙。中等泛霜的砖不得用于潮湿部位。

三、技术要求

（一）尺寸允许偏差

烧结普通砖的尺寸允许偏差应符合《烧结普通砖》（GB 5101—2003）的要求，见表9-1。

检验样品数为20块，按《砌墙砖试验方法》（GB/T 2542—2003）规定的检验方法进行。其中，每一尺寸测量不足0.5 mm的按0.5 mm计，每一方向尺寸以两个测量值的算术平均值表示。

样本平均偏差是指20块试样同一方向40个测量尺寸的算术平均值减去其公称尺寸的差值。样本极差是指抽检的20块试样中同一方向40个测量尺寸中最大测量值与最小测量值的差值。

表 9-1 烧结普通砖的尺寸允许偏差 （单位:mm）

公称尺寸	优等品		一等品		合格品	
	样本平均偏差	样本偏差,≤	样本平均偏差	样本偏差,≤	样本平均偏差	样本偏差,≤
240	±2.0	6	±2.5	7	±3.0	8
115	±1.5	5	±2.0	6	±2.5	7
53	±1.5	4	±1.6	5	±2.0	6

（二）外观质量

烧结普通砖的外观质量应符合《烧结普通砖》（GB 5101—2003）的要求，见表 9-2。

烧结普通砖的外观质量应按 GB/T 2542—2003 规定的检验方法进行。颜色的检验：抽试样 20 块，装饰面朝上随机分两排并列，在自然光下距离试样 2 m 目测。

表 9-2 烧结普通砖外观质量 （单位:mm）

<table>
<tr><th colspan="2">项目</th><th>优等品</th><th>一等品</th><th>合格品</th></tr>
<tr><td colspan="2">两条面高度差,≤</td><td>2</td><td>3</td><td>4</td></tr>
<tr><td colspan="2">弯曲, ≤</td><td>2</td><td>3</td><td>4</td></tr>
<tr><td colspan="2">杂质凸出高度,≤</td><td>2</td><td>3</td><td>4</td></tr>
<tr><td colspan="2">缺棱掉角的三个破坏尺寸不得同时大于</td><td>5</td><td>20</td><td>30</td></tr>
<tr><td rowspan="2">裂纹长度,≤</td><td>a. 大面上宽度方向及其延伸至条面的长度</td><td>30</td><td>60</td><td>80</td></tr>
<tr><td>b. 大面上长度方向及其延伸至顶面的长度或条顶面上水平裂纹的长度</td><td>50</td><td>80</td><td>100</td></tr>
<tr><td colspan="2">完整面*不得少于</td><td>二条面和二顶面</td><td>一条面和一顶面</td><td>—</td></tr>
<tr><td colspan="2">颜色</td><td>基本一致</td><td>—</td><td>—</td></tr>
</table>

注：(1) 为装饰而施加的色差，凹凸纹、拉毛、压花等不算作缺陷。

(2) 凡有下列缺陷之一者，不得称为完整面。

①缺损在条面过顶面上造成的破坏面尺寸同时大于 10 mm×10 mm。

②条面或顶面上裂纹宽度大于 1 mm，其长度超过 30 mm。

③压陷、黏底、焦花在条面或顶面上的凹陷或凸出超过 2 mm，区域尺寸同时大于 10 mm×10 mm。

（三）强度等级

烧结普通砖的强度等级应符合《烧结普通砖》（GB 5101—2003）的要求，见表 9-3。

（四）抗风化性能

通常将干湿变化、温度变化、冻融变化等气候因素对砖的作用称为“风化”作用，抵抗“风化”作用的能力，称为“抗风化性能”。把全国按风化指数（是指日气温从正温降至负温或从负温升至正温的每年平均天数与每年从霜冻之日起至消失霜冻之日这一期间降雨总量（以 mm 计）的平均值的乘积）分为严重风化区（风化指数大于等于 12 700 的地区）和非严重风化区(风化指数小于12 700的地区),见表9-4规定。

严重风化区中的1、2、3、4、5地区的烧结普通砖必须进行冻融试验,其他地区烧结普通砖的抗风化性能符合《烧结普通砖》(GB 5101—2003)的要求,见表9-5。严重风化区和非严重风化区砖的抗风化性能符合表9-5的规定时,可不做冻融试验,否则必须进行冻融试验。冻融试验后,每块砖样不允许出现裂纹、分层、掉皮、缺棱、掉角等冻坏现象;质量损失不得大于2%。

表9-3 烧结普通砖强度等级 (单位:MPa)

强度等级	抗压强度平均值$\bar{f}$,≥	变异系数δ≤0.21	变异系数δ>0.21
		强度标准值f_k,≥	单块最小抗压强度值f_{min},≥
MU30	30.0	22.0	25.0
MU25	25.0	18.0	22.0
MU20	20.0	14.0	16.0
MU15	15.0	10.0	12.0
MU10	10.0	6.5	7.5

注:烧结普通砖

(1)按式(9-1)、式(9-2)分别计算出强度变异系数δ、标准差s。

$$\delta = \frac{s}{\bar{f}} \tag{9-1}$$

$$s = \sqrt{\frac{1}{9}\sum_{i=1}^{10}(f_i - \bar{f})^2} \tag{9-2}$$

式中 δ——砖强度变异系数,精确至0.01 MPa;

s——10块试样的抗压强度标准差,MPa,精确至0.01 MPa;

$\bar{f}$——10块试样的抗压强度平均值,MPa,精确至0.01 MPa;

f_i——单块试样抗压强度测定值,MPa,精确至0.01 MPa。

(2)平均值-标准值方法评定。

当变异系数δ≤0.21时,按表9-3中抗压强度平均值$\bar{f}$、强度标准值f_k评定砖的强度等级。

样本量$n=10$时的强度标准值按式(9-3)计算。

$$f_k = \bar{f} - 1.8s \tag{9-3}$$

式中 f_k——强度标准值,MPa,精确至0.1 MPa。

(3)平均值-最小值方法评定。

当变异系数δ>0.21时,按表9-3中抗压强度平均值$\bar{f}$、单块最小抗压强度值f_{min}评定砖的强度等级,单块最小抗压强度值精确至0.1 MPa。

表 9-4　风化区的划分

严重风化区		非严重风化区	
1. 黑龙江省	11. 河北省	1. 山东省	11. 福建省
2. 吉林省	12. 北京市	2. 河南省	12. 台湾省
3. 辽宁省	13. 天津市	3. 安徽省	13. 广东省
4. 内蒙古自治区		4. 江苏省	14. 广西壮族自治区
5. 新疆维吾尔自治区		5. 湖北省	15. 海南省
6. 宁夏回族自治区		6. 江西省	16. 云南省
7. 甘肃省		7. 浙江省	17. 西藏自治区
8. 青海省		8. 四川省	18. 上海市
9. 陕西省		9. 贵州省	19. 重庆市
10. 山西省		10. 湖南省	

河南省属于非严重风化区。

表 9-5　烧结普通砖抗风化性能

<table>
<tr><th rowspan="3">砖种类</th><th colspan="4">严重风化区</th><th colspan="4">非严重风化区</th></tr>
<tr><th colspan="2">5 h 沸煮吸水率(%)≤</th><th colspan="2">饱和系数 ≤</th><th colspan="2">5 h 沸煮吸水率(%)≤</th><th colspan="2">饱和系数≤</th></tr>
<tr><th>平均值</th><th>单块最大值</th><th>平均值</th><th>单块最大值</th><th>平均值</th><th>单块最大值</th><th>平均值</th><th>单块最大值</th></tr>
<tr><td>黏土砖</td><td>18</td><td>20</td><td rowspan="2">0.85</td><td rowspan="2">0.87</td><td>19</td><td>20</td><td rowspan="2">0.88</td><td rowspan="2">0.90</td></tr>
<tr><td>粉煤灰砖[a]</td><td>21</td><td>23</td><td>23</td><td>25</td></tr>
<tr><td>页岩砖</td><td rowspan="2">16</td><td rowspan="2">18</td><td rowspan="2">0.74</td><td rowspan="2">0.77</td><td rowspan="2">18</td><td rowspan="2">20</td><td rowspan="2">0.78</td><td rowspan="2">0.80</td></tr>
<tr><td>煤矸石砖</td></tr>
</table>

注:a 粉煤灰掺入量(体积比)小于 30% 时,按黏土砖规定评定。

(五)泛霜

是指可溶性盐类在砖或砌块表面的盐析现象,一般呈白色粉末、絮团或絮片状。

每块砖样应符合《烧结普通砖》(GB 5101—2003)的规定:优等品,无泛霜;一等品,不得出现中等泛霜;合格品,不得出现严重泛霜。

(六)石灰爆裂

烧结普通砖的原料中夹杂着石灰质,烧结时被烧成生石灰,砖吸水后体积膨胀而发生爆裂的现象,称之为石灰爆裂。

按《烧结普通砖》(GB 5101—2003)规定如下:

(1)优等品:不允许出现最大破坏尺寸大于 2 mm 的爆裂区域。

(2)一等品:①最大破坏尺寸大于 2 mm 且小于等于 10 mm 的爆裂区域,每组砖样不得多于 15 处。②不允许出现最大破坏尺寸大于 10 mm 的爆裂区域。

(3)合格品:①最大破坏尺寸大于 2 mm 且小于等于 15 mm 的爆裂区域,每组砖样不得多于 15 处。其中大于 10 mm 的不得多于 7 处。②不允许出现最大破坏尺寸大于 15 mm 的爆裂区域。

(七)欠火砖、酥砖和螺旋纹砖

产品中不允许有欠火砖、酥砖和螺旋纹砖。

四、检验规则

根据《砌墙砖检验规则》(JC 466—96),检验规则有以下规定。

(一)检验分类

(1)产品检验分出厂检验和型式检验。

(2)每批出厂产品必须进行出厂检验,外观质量检验在生产厂内进行。

(3)当产品有下列情况之一时应进行型式检验:

①新厂生产试制定型检验;

②正式生产后,原材料、工艺等发生较大改变,可能影响产品性能时;

③正常生产时,每半年应进行一次;

④出厂检验结果与上次型式检验结果有较大差异时;

⑤国家质量监督机构提出进行型式检验时。

(二)检验项目

(1)出厂检验项目包括尺寸偏差、外观质量和强度等级。

(2)型式检验项目包括出厂检验项目、抗风化性能、石灰爆裂和泛霜。

(三)检验批的构成

1. 构成原则

构成检验批的基本原则是尽可能使得批内砖质量分布均匀,具体实施中应做到:①不正常生产与正常生产的砌墙砖不能混批;②原料变化或不同配料比例的砌墙砖不能混批;③不同质量等级的砌墙砖不能混批。

2. 批量大小

砌墙砖检验批的批量宜在3.5万~15万块范围内,但不得超过一条生产线的日产量。不足3.5万块按一批计。

(四)抽样方法

1. 一般规定

(1)验收检验的抽样应在供方堆场上由供需双方人员会同进行。

(2)检验批应以堆垛形式合理堆放,使得能从任何一个指定的砖垛中抽样。若砖垛堆放紧密到只能从其周围去获得样品,只有在周围砖垛数量大于抽样砖垛数量,并可信其质量的代表性均匀时,允许在周围砖垛中抽样;否则应由需方指定搬走无代表性的砖垛进行抽样,或经供需双方商定检验批不合格时的处理规定后,在需方装车过程中按预先规定的抽样位置从露出的砖垛中抽样。

(3)确定抽样位置的同时,还必须规定该样品的检验内容。不论抽样位置上砌墙砖质量如何,不允许以任何理由以别的砖替代。抽取样品后,在样品上标志表示检验内容的编号,检验时也不允许变更检验内容。

2. 确定抽样数量

抽样数量由检验项目确定按表9-6进行(必要时,可增加适量备用样品)。两个以上检验项目时，下列非破坏性检验项目的砖样允许在检验后继续用作其他检验，抽样数量可不包括重复使用的样品数。①外观质量；②尺寸偏差；③体积密度；④孔洞率。

3.编定产品位置顺序

1）从砖垛中抽样

对检验批中可抽样的砖垛（全部砖垛或周围的砖垛）、砖垛中砖层和砖层中的砖块位置各依一定顺序编号。编号不需标志在实体上，只作到明确起点位置和编号顺序即可。

2）从砖样中抽样

凡安排需从检验后的样品中继续抽样供其他检验使用的非破坏性检验项目，应在其从砖垛中抽样的过程中按抽样先后顺序给予编号，并标志顺序号于砖样上，作为继续抽样的位置顺序。

4.决定抽样位置

1）确定抽样砖垛及垛中抽样数量

根据批中可抽样砖垛数量和抽样数量由表9-7决定抽样砖垛数和垛中抽取的砖样数量。

表9-6　烧结普通砖抽样数量

序号	检验项目	抽样数量（块）
1	外观尺寸	50（$n_1=n_2=50$）
2	尺寸偏差	20
3	强度等级	10
4	泛霜试验	5
5	石灰爆裂试验	5
6	冻融试验	5
7	吸水率和饱和系数试验	5

表9-7　抽样砖垛数和垛中抽取的砖样数量

抽样数量（块）	可抽样砖垛数（垛）	抽样砖垛数（垛）	垛中抽样数（块）
50	≥250	50	1
	125～250	25	2
	<125	10	5
20	≥100	20	1
	<100	10	2
10或5	任意	10或5	1

2）确定抽样砖垛位置

以抽样砖垛数除可抽样砖垛数得到整数商 a 和余数 b。从1～b 的数值范围内（当 $b=0$ 时，按 $b=a$ 计数）确定一个随机数码Ran（方法见附录A（参考件））。抽样砖垛位置即从第

Ran 垛开始，以后每隔 $a-1$ 垛为抽样砖垛。

3）确定抽样砖垛中的抽样位置

砖样在砖垛中的抽样位置由砖垛中层数范围内和砖层中砖块数量范围内的一对随机数码所确定。垛中需要抽取几块样品时，则即可相应确定几对随机数码。

5. 从检验过的样品中抽样

每一检验项目由其所需抽样数量先从表 9-8 中查出抽样起点范围及抽样间隔，然后从其规定的范围内确定一个随机数码，即得到抽样起点的位置。按起点位置和抽样间隔实施抽样，若有两个以上检验项目，应分别按各自所需的抽样数量从表 9-8 中查出相应的抽样起点范围和抽样间隔，与单个项目时的步骤一样实施抽样。各个随机数码中不允许出现相同数码，出现时应舍去重新确定。

（五）判定规则

（1）尺寸偏差符合表 9-1、强度等级符合表 9-3 的规定，判定尺寸偏差、强度等级合格；否则判定不合格。

表 9-8　抽样起点范围和抽样间隔

检验过的砖块数（块）	抽样数量（块）	抽样起点范围	抽样间隔（块）
50	20	1 ~ 10	1
	10	1 ~ 5	4
	5	1 ~ 10	9
20	10	1 ~ 2	1
	5	1 ~ 4	3

（2）外观质量采用二次抽样方案，根据表 9-2 规定的质量指标，按国标规定的方法检查出其中的不合格品块数 d_1，按下列规则判断：当 $d_1 \leqslant 7$ 时，外观质量合格；当 $d_1 \geqslant 11$ 时，外观质量不合格；当 $7 < d_1 < 11$ 时，需再次抽样检验。如判为再次抽样检验，从批中再抽取砖样 50 块，检查出其中的不合格品块数 d_2 后，按下列规则判断：当 $(d_1 + d_2) \leqslant 18$ 时，外观质量合格；当 $(d_1 + d_2) \geqslant 19$ 时，外观质量不合格。

（3）抗风化性能符合本节"三、（四）抗风化性能"中的规定，判定抗风化性能合格，否则判不合格。

（4）石灰爆裂和泛霜试验应分别符合"三、（五）泛霜和（六）石灰爆裂"中优等品、一等品或合格品的规定，分别判定泛霜和石灰爆裂符合优等品、一等品或合格品。

（5）总判定。①每一批出厂产品的质量等级按出厂检验项目的检验结果和抗风化性能、石灰爆裂及泛霜的型式检验结果综合判定。②每一型式检验的质量等级按全部检验项目的检验结果综合判定。③若该批经检验尺寸偏差、抗风化性能、强度等级合格，按外观质量、石灰爆裂、泛霜中最低的质量等级判定。其中有一项不合格，则判定为不合格品。④外观检验中有欠火砖、酥砖或螺旋纹砖则判定该批产品不合格。

第二节　砌墙砖试验

一、外观尺寸测量

(一)目的及适用范围

本方法适用于测定烧结砖和非烧结砖。烧结砖包括烧结普通砖、烧结多孔砖以及烧结空心砖和空心砌块;非烧结砖包括蒸压灰砂砖、粉煤灰砖、炉渣砖和碳化砖等。

(二)采用标准

《砌墙砖试验方法》(GB/T 2542—2003)。

(三)仪器设备

量具:砖用卡尺,如图 9-1 所示,分度值为 0.5 mm。

(四)测量方法

长度应在砖的 2 个大面的中间处分别测量 2 个尺寸;宽度应在砖的 2 个大面的中间处分别测量 2 个尺寸;高度应在 2 个条面的中间处分别测量 2 个尺寸,如图 9-2 所示。如被测处有缺损或凸出时,可在其旁边测量,但应选择不利的一侧,精确至 0.5 mm。

(五)试验结果

结果分别以长度、高度和宽度的最大两个偏差值的算术平均值表示,不足 1 mm 者按 1 mm 计。

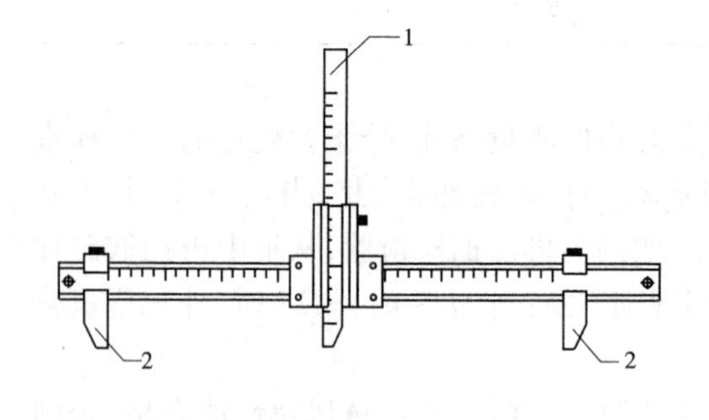

1—垂直尺;2—支脚

图 9-1　砖用卡尺

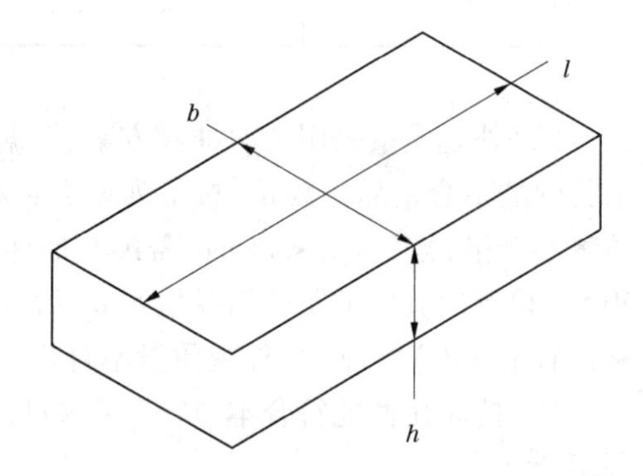

b—宽度;h—高度;l—长度

图 9-2　尺寸量法　(单位:mm)

(六)结果评定

与《烧结普通砖》(GB 5101—2003)对照检查,进行评定。

二、外观质量检查

(一)目的及适用范围

本方法适用于对烧结砖和非烧结砖的外观质量进行测量检查。

(二)采用标准

《砌墙砖试验方法》(GB/T 2542—2003)。

（三）仪器设备

（1）砖用卡尺：如图 9-1 所示，分度值为 0.5 mm。

（2）钢直尺：分度值为 1 mm。

（四）测量方法

1. 缺损

（1）缺棱掉角在砖上造成的破坏程度，以破损部分对长、宽、高 3 个棱边的投影尺寸来度量，称为破坏尺寸，如图 9-3 所示。

（2）缺损造成的破坏面，系指缺损部分对条、顶面的投影面积，如图 9-4 所示。

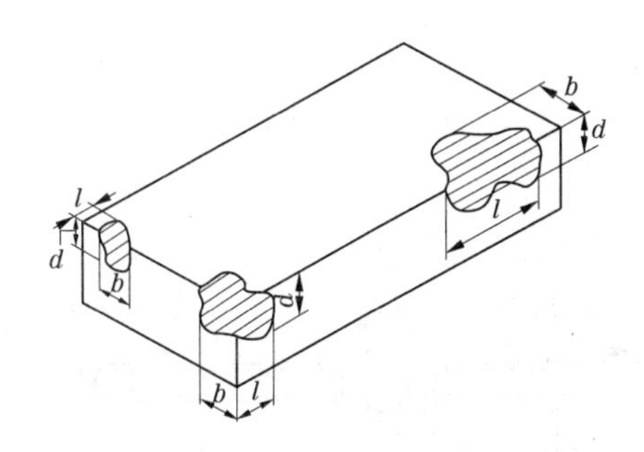

l—长度方向的投影尺寸；*b*—宽度方向的投影尺寸；*d*—高度方向的投影尺寸

图 9-3　缺棱掉角破坏尺寸量法　（单位：mm）

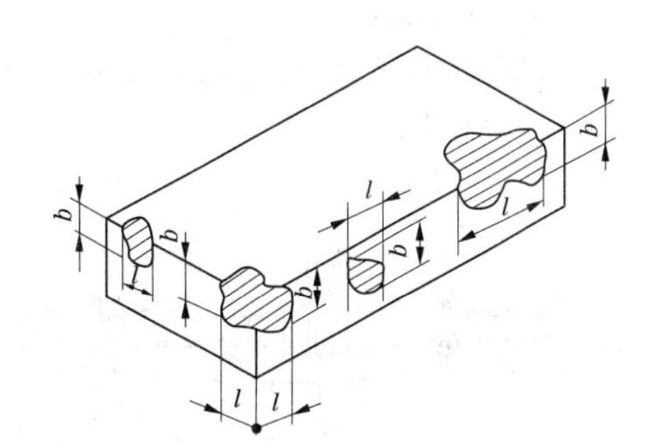

l—长度方向的投影尺寸；*b*—宽度方向的

图 9-4　缺损在条、顶面上造成破坏面量法　（单位：mm）

2. 裂纹

（1）裂纹分为长度方向、宽度方向和水平方向 3 种，以被测方向的投影长度表示。如果裂纹从一个面延伸至其他面上时，则累计其延伸的投影长度，如图 9-5 所示。

（2）裂纹长度以在 3 个方向上分别测得的最长裂纹作为测量结果。

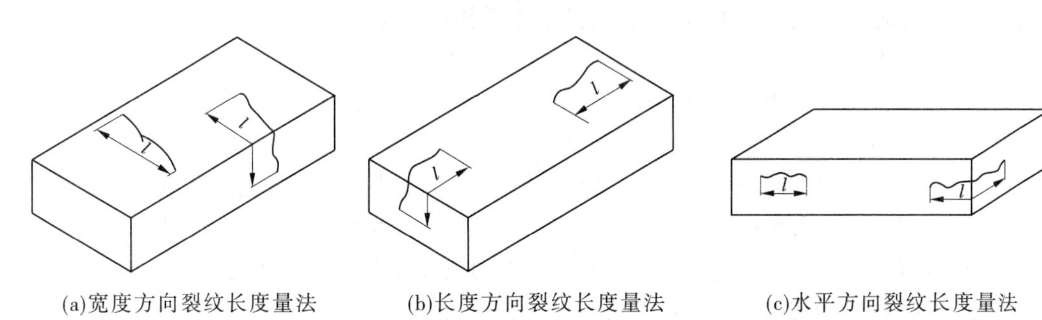

(a)宽度方向裂纹长度量法　(b)长度方向裂纹长度量法　(c)水平方向裂纹长度量法

图 9-5　裂纹长度量法

3. 弯曲

（1）弯曲分别在大面和条面上测量，测量时将砖用卡尺的两支脚沿棱边两端放置。择其弯曲最大处将垂直尺推至砖面，如图 9-6 所示。但不应将因杂质或碰伤造成的凹处计算在内。

（2）以弯曲中测得的较大者作为测量结果。

4. 杂质凸出高度

杂质在砖面上造成的凸出高度，以杂质距砖面的最大距离表示。测量时将砖用卡尺的两支脚置于凸出两边的砖平面上，以垂直尺测量，如图 9-7 所示。

5. 颜色的检验

砖抽样 20 块，条面朝上随机分两排并列，在自然阳光下，距离砖面 2 m 处目测外露的条顶面。

（五）结果记录及处理

外观测量以毫米为单位，不足 1 mm 者，按 1 mm 计。

（六）结果评定

与《烧结普通砖》（GB 5101—2003）对照检查和评定。

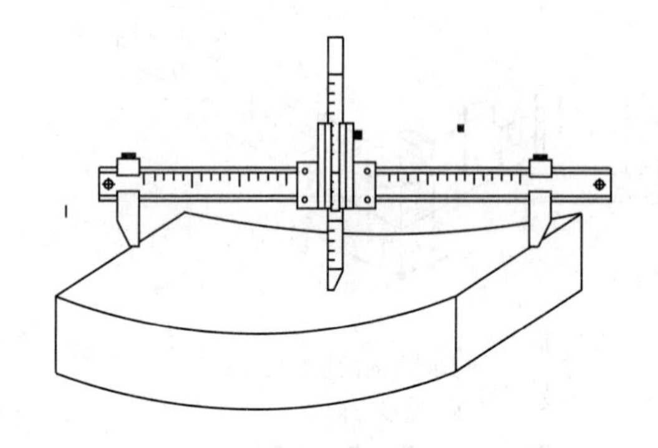

图 9-6　弯曲量法

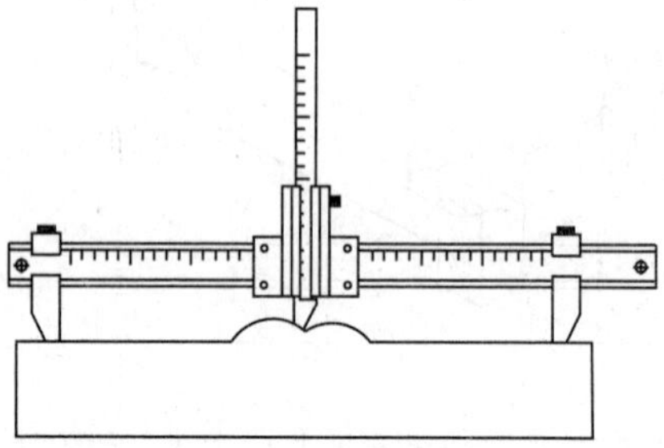

图 9-7　杂质凸出量法

三、抗压强度试验

（一）目的及适用范围

测定烧结普通砖的抗压强度，作为评定砖强度等级的依据。

（二）采用标准

《砌墙砖试验方法》（GB/T 2542—2003）。

（三）仪器设备

（1）材料试验机：试验机的示值相对误差不超过 ±1%，其下加压板为球铰支座，预期最大破坏荷载应为量程的 20% ~80%。

（2）抗压试件制备平台：试件制备平台必须平整水平，可用金属或其他材料制作。

（3）水平尺：规格为 250 ~300 mm。

（4）钢直尺：分度值为 1 mm。

（四）试样制备

（1）烧结普通砖试样数量为 10 块。将砖样切断或锯成两个半截砖，断开后的半截砖长不得小于 100 mm，如图 9-8 所示。如果不足 100 mm，应另取备用试样补足。

（2）在试样制备平台上，将已断开的半截砖放入室温的净水中浸 10 ~20 min 后取出，并以断口相反方向叠放，两者中间抹以厚度不超过 5 mm 的用强度等级 325 级的普通硅酸盐水泥调制成稠度适宜的水泥净浆黏结，上下两面用厚度不超过 3 mm 的同种水泥浆抹平。

制成的试件上下两面须相互平行,并垂直于侧面,如图 9-9 所示。

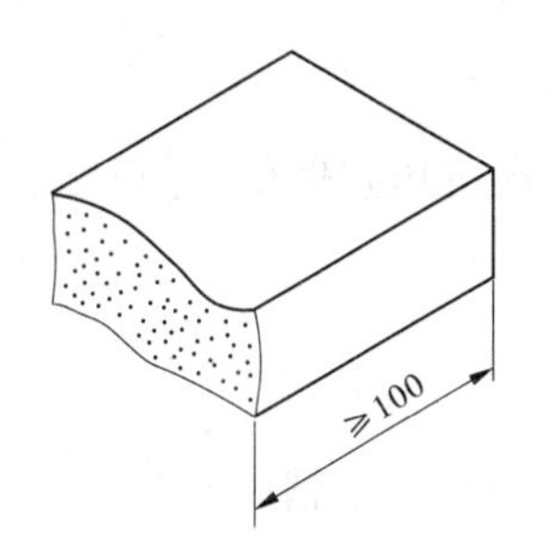

图 9-8　半截砖长度示意图　(单位:mm)

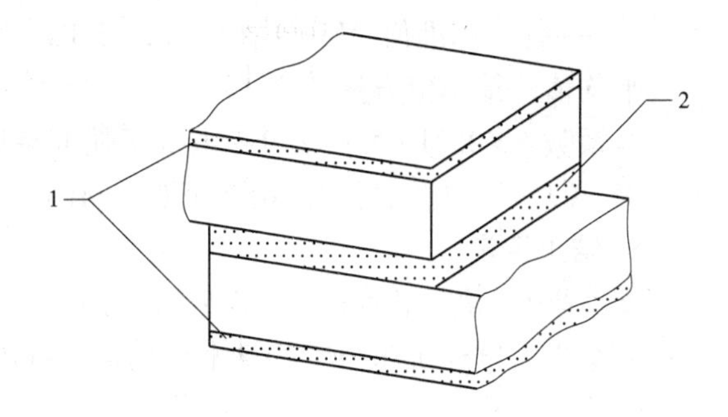

1—净浆层厚 3 mm; 2—净浆层厚 5 mm

图 9-9　水泥净浆层厚度示意图

(五)试件养护

制成的抹面试件应置于不低于 10 ℃的不通风室内养护 3 d,再进行试验。

(六)试验步骤

(1)测量每个试件连接面或受压面的长、宽尺寸各 2 个,分别取其平均值,精确至 1 mm。

(2)将试件平放在加压板的中央,垂直于受压面加荷,应均匀平稳,不得发生冲击或振动。加荷速度以 4 kN/s 为宜,直至试件破坏,记录试件最大破坏荷载。

(七)结果计算

(1)每块试件的抗压强度 R_P,按式(9-4)计算,精确至 0.01 MPa。

$$R_P = \frac{P}{LB} \tag{9-4}$$

式中　R_p——抗压强度,MPa;

P——最大破坏荷载,N;

L——受压面(连接面)的长度,mm;

B——受压面(连接面)的宽度,mm。

(2)结果评定。

按式(9-5)、式(9-6)分别计算出强度变异系数 δ、标准差 s。

$$\delta = \frac{s}{f} \tag{9-5}$$

$$s = \sqrt{\frac{1}{9}\sum_{i=1}^{10}(f_i - \bar{f})^2} \tag{9-6}$$

式中　δ——砖强度变异系数,精确至 0.01 MPa;

s——10 块试样的抗压强度标准差,MPa,精确至 0.01 MPa;

$\bar{f}$——10 块试样的抗压强度平均值,MPa,精确至 0.01 MPa;

f_i——单块试样抗压强度测定值,MPa,精确至 0.01 MPa。

①平均值—标准值方法评定。

变异系数 $\delta \leqslant 0.21$ 时,按表 9-3 中抗压强度平均值 $\bar{f}$、强度标准值 f_k 评定砖的强度等级。

样本量 $n=10$ 时的强度标准值按式(9-7)计算。

$$f_k = \bar{f} - 1.8s \tag{9-7}$$

式中　f_k——强度标准值,MPa,精确至0.1 MPa。

②平均值—最小值方法评定。

变异系数 $\delta > 0.21$ 时,按表9-3中抗压强度平均值$\bar{f}$、单块最小抗压强度值f_{min}评定砖的强度等级,单块最小抗压强度值精确至0.1 MPa。

(八)结果评定

试验结果与《烧结普通砖》(GB 5101—2003)对照检查和评定。

试验结果以试样抗压强度的算术平均值和标准值或单块最小值表示,精确至0.1 MPa。

四、抗冻性能的试验

(一)目的及适用范围

测定砌墙砖的冻融循环次数,计算经冻融循环后砖的抗压强度和干质量损失,作为评定砖抗冻性能的依据。

(二)采用标准

《砌墙砖试验方法》(GB/T 2542—2003)。

(三)仪器设备

(1)低温箱或冷冻室:放入试样后箱(室)内温度可调至-20 ℃或-20 ℃以下。

(2)水槽:保持槽中水温10~20 ℃为宜。

(3)台秤:分度值5 g。

(4)鼓风干燥箱。

(四)试验步骤

取烧结普通砖5块,用毛刷清理表面,并顺序编号。

(1)将试样放入鼓风干燥箱中,在100~110 ℃下干燥至恒量(在干燥过程中,前后2次称量相差不超过0.2%,前后2次称量时间间隔为2 h),称其质量G_0,并检查外观,将缺棱掉角和裂纹作标记。

(2)将试样浸在10~20 ℃的水中,24 h后取出,用湿布拭去表面水分,以大于20 mm的间距大面侧向立放于预先降温至-15 ℃以下的冷冻箱中。

(3)当箱内温度再次降至-15 ℃时开始计时,在-20~-15 ℃下冰冻,烧结砖冻3 h;非烧结砖冻5 h。然后取出放入10~20 ℃的水中融化,烧结砖不少于2 h;非烧结砖不少于3 h。如此为一次冻融循环。

(4)每5次冻融循环,检查一次冻融过程中出现的破坏情况,如冻裂、缺棱、掉角、剥落等。

(5)冻融过程中,发现试样的冻坏超过外观规定时,应继续试验至15次冻融循环结束。

(6)经15次冻融循环后,检查并记录试样在冻融过程中的冻裂长度、缺棱掉角和剥落等破坏情况。

(7)经15次冻融循环后的试样,放入鼓风干燥箱中,按第一条的规定干燥至恒量,称其质量G_1。烧结砖若未发现冻坏现象,则可不进行干燥称量。

(8)将干燥后的试样(非烧结砖再在10~20 ℃的水中浸泡24 h)按本节"三、抗压强度试验"中的规定进行抗压强度试验。

（五）结果计算

（1）抗压强度按式(9-8)计算，精确至0.01 MPa。

$$R_P = \frac{P}{LB} \tag{9-8}$$

式中 R_P——抗压强度，MPa；

P——最大破坏荷载，N；

L——受压面（连接面）的长度，mm；

B——受压面（连接面）的宽度，mm。

取其抗压强度的算术平均值作为最后结果，精确至0.1 MPa。

（2）质量损失率 G_m 按式(9-9)计算，精确至0.1%。

$$G_m = \frac{G_0 - G_1}{G_0} \times 100\% \tag{9-9}$$

式中 G_m——质量损失率（%）；

G_0——试样冻融前干质量，g；

G_1——试样冻融后干质量，g。

（六）结果评定

试验结果以试样抗压强度、单块砖的干质量损失率表示，并与《烧结普通砖》（GB 5101—2003）对照检查和评定。

五、体积密度的试验

（一）目的及适用范围

本方法适用于测定砌墙砖的体积密度。

（二）采用标准

《砌墙砖试验方法》（GB/T 2542—2003）。

（三）仪器设备

（1）鼓风干燥箱。

（2）台秤：分度值为5 g。

（3）钢直尺：分度值为1 mm；砖用卡尺：分度值为0.5 mm。

（四）试验步骤

（1）每次试验用砖为5块，所取试样外观完整。清理试样表面，并注写编号，然后将试样置于100～110 ℃鼓风干燥箱中干燥至恒重。称其质量 G_0，并检查外观情况，不得有缺棱、掉角等破损情况。如有破损者，须重新换取备用试样。

（2）将干燥后的试样按本节"一、（四）测量方法"中的规定，测量其长、宽、高尺寸各2个，分别取其平均值。

（五）结果计算

体积密度 ρ 按下式计算，精确至0.1 kg/m³。

$$\rho = \frac{G_0}{LBH} \times 10^9 \tag{9-10}$$

式中 ρ——体积密度；kg/m³；

G_0——试样干质量,kg;

L——试样长度,mm;

B——试样宽度,mm;

H——试样高度,mm。

(六)结果评定

试验结果以试样密度的算术平均值表示,精确至 1 kg/m^3。

六、石灰爆裂试验

(一)目的及适用范围

测定砌墙砖的石灰爆裂区域,评定砖的质量。

(二)采用标准

《砌墙砖试验方法》(GB/T 2542—2003)。

(三)仪器设备

(1)蒸煮箱。

(2)钢直尺:分度值为 1 mm。

(四)试样制备

(1)试样为未经雨淋或浸水,且近期生产的砖样,数量为 5 块。

(2)试验前检查每块试样,将不属于石灰爆裂的外观缺陷作标记。

(五)试验步骤

(1)将试样平行侧立于蒸煮箱内的箅子板上,试样间隔不得小于 50 mm,箱内水面应低于箅子板 40 mm。

(2)加盖蒸 6 h 后取出。

(3)检查每块试样上因石灰爆裂(含试验前已出现的爆裂)而造成的外观缺陷,并记录其尺寸(mm)。

(六)结果评定

以每块试样石灰爆裂区域的尺寸最大者表示,精确至 1 mm。

将试验结果与《烧结普通砖》(GB 5101—2003)对照检查,进行评定。

七、泛霜试验

(一)目的及适用范围

测定砌墙砖的泛霜情况,评定砖的质量。

(二)采用标准

《砌墙砖试验方法》(GB/T 2542—2003)。

(三)仪器设备

(1)鼓风干燥箱。

(2)耐腐蚀的浅盘 5 个,容水深度 25 ~ 35 mm。

(3)能盖住浅盘的透明材料 5 张,在其中间部位开有大于试样宽度、高度或长度尺寸 5 ~ 10 mm 的矩形孔。

(4)干、湿球温度计或其他温、湿度计。

（四）试验步骤

（1）取试样普通砖5块，将粘附在试样表面的粉尘刷掉并编号，然后放入100～110 ℃的鼓风干燥箱中干燥24 h，取出冷却至常温。

（2）将试样顶面或有孔洞的面朝上分别置于5个浅盘中，往浅盘中注入蒸馏水，水面高度不低于20 mm，用透明材料覆盖在浅盘上，并将试样暴露在外面，记录时间。

（3）试样浸在盘中的时间为7 d，开始2 d内经常加水以保持盘内水面高度，以后则保持浸在水中即可，试验过程中要求环境温度为16～32 ℃，相对湿度35%～60%。

（4）7 d后取出试样，在同样的环境条件下放置4 d，然后在100～110 ℃的鼓风干燥箱中干燥至恒量。取出冷却至常温，记录干燥后的泛霜程度。

（5）7 d后开始记录泛霜情况，每天1次。

（五）结果评定

（1）泛霜程度根据记录以最严重者表示。

（2）泛霜程度划分如下：

无泛霜，试样表面的盐析几乎看不到。

轻微泛霜，试样表面出现一层细小明显的霜膜，但试样表面仍清晰。

中等泛霜，试样部分表面或棱角出现明显霜层。

严重泛霜，试样表面出现起砖粉、掉屑及脱皮现象。

（3）将试验结果与《烧结普通砖》（GB 5101—2003）对照检查和评定。

八、吸水率和饱和系数试验

（一）目的及适用范围

测定砌墙砖的吸水率和饱和系数，评定砖的抗风化性能。

（二）采用标准

《砌墙砖试验方法》（GB/T 2542—2003）。

（三）仪器设备

（1）鼓风干燥箱。

（2）台秤：分度值为5 g。

（3）蒸煮箱。

（四）试验步骤

（1）取试样普通砖5块，清理试样表面，并注写编号，然后置于100～110 ℃鼓风干燥箱中干燥至恒量，除去粉尘后，称其干质量G_0。

（2）将干燥试样浸水24 h，水温10～30 ℃。

（3）取出试样，用湿毛巾拭去表面水分，立即称量，称量时试样表面毛细孔渗出于秤盘中水的质量亦应计入吸水质量中，所得质量为浸泡24 h的湿质量G_{24}。

（4）将浸泡24 h后的湿试样侧立放入蒸煮箱的箅子板上，试样间距不得小于10 mm，注入清水，箱内水面应高于试样表面50 mm，加热至沸腾，沸煮3 h。饱和系数试验煮沸5 h，停止加热，冷却至常温。

（5）按上述第(3)条的规定，称量沸煮3 h的湿质量G_3和沸煮5 h的湿质量G_5。

第十章　砌　块

砌块是一种新型的墙体材料，具有生产工艺简单，可充分利用地方材料和工业废料，砌筑方便、灵活等优点，因此得到广泛的应用。

砌块是指砌筑用的人造块材，外形多为直角六面体，也有各种异形的。砌块系列中主规格的长度、宽度或高度有一项或一项以上分别大于 365 mm、240 mm 或 115 mm。但高度不大于长度或宽度的 6 倍，长度不超过高度的 3 倍。

砌块按用途分为承重砌块与非承重砌块；按有无孔洞分为实心砌块与空心砌块；按使用原材料分为硅酸盐混凝土砌块与轻集料混凝土砌块；按生产工艺分为烧结砌块与蒸压蒸养砌块；按产品规格分为大型砌块、中型砌块和小型砌块。

下面主要介绍粉煤灰砌块和蒸压加气混凝土砌块。

第一节　粉煤灰砌块

一、定义

粉煤灰砌块是以粉煤灰、石灰、石膏和集料等为原料，按照一定比例加水搅拌、振动成型、蒸汽养护后而制成的密实砌块。

二、规格、等级和标记

（一）规格尺寸

粉煤灰砌块的主规格外形尺寸为 880 mm × 380 mm × 240 mm，880 mm × 430 mm × 240 mm。砌块端面应加灌浆槽，坐浆面宜设抗剪槽。生产其他规格砌块，可由供需双方协商确定。

（二）等级

（1）粉煤灰砌块的强度等级按其立方体试件的抗压强度分为 10 级和 13 级。

（2）粉煤灰砌块按其外观质量、尺寸偏差和干缩性能分为一等品（B）和合格品（C）。

（3）标记：砌块按其产品名称、规格、强度等级、产品等级和标准编号顺序进行标记。

例如，砌块的规格尺寸为 880 mm × 380 mm × 240 mm，强度等级为 10 级，产品等级为一等品（B）时，标记为：FB880 × 380 × 240—10B—JC238

（4）粉煤灰砌块的适用范围：适用于民用及一般工业建筑的墙体和基础。

三、质量标准

（1）粉煤灰砌块的外观质量和尺寸偏差符合《粉煤灰砌块》（JC 238—96）的要求，见表 10-1。

表 10-1　砌块的外观质量和尺寸允许偏差　　（单位：mm）

项目			指标	
			一等品(B)	合格品(C)
外观质量	表面疏松		不允许	
	贯穿面棱的裂缝		不允许	
	任一面上的裂缝长度，不得大于裂缝方向砌块尺寸的		1/3	
	石灰团、石膏团		直径大于 5 的不允许	
	粉煤灰团、空洞和爆裂		直径大于 30 的不允许	直径大于 50 的不允许
	局部突起高度		≤10	≤15
	翘曲		≤6	≤8
	缺棱掉角在长、宽、高三个方向上投影的最大值		≤30	≤50
	高低差	长度方向	6	8
		宽度方向	4	6
尺寸允许偏差		长度	+4，-6	+5，-10
		高度	+4，-6	+5，-10
		宽度	±3	±6

（2）粉煤灰砌块的立方体抗压强度、碳化后强度、抗冻性能和密度应符合《粉煤灰砌块》（JC 238—96）的要求，见表 10-2。

表 10-2　砌块的立方体抗压强度、碳化后强度、抗冻性能和密度

项目	指标	
	10 级	13 级
抗压强度(MPa)	3 块试件平均值不小于 10.0，单块最小值 8.0	3 块试件平均值不小于 13.0，单块最小值 10.0
人工碳化后强度(MPa)	不小于 6.0	不小于 7.5
抗冻性	冻融循环结束后，外观无明显疏松、剥落或裂缝；强度损失不大于 20%	
密度(kg/m^3)	不超过设计密度的 10%	

（3）粉煤灰砌块的干缩值应符合《粉煤灰砌块》（JC 238—96）的要求，见表 10-3。

表 10-3　砌块的干缩值　　（单位：mm/m）

一等品(B)	合格品(C)
≤0.75	≤0.90

四、检验方法

(一)外观检查和尺寸测量

1. 目的及适用范围

本方法适用于粉煤灰砌块的外观检查和进行尺寸测量。

2. 采用标准

《粉煤灰砌块》(JC 238—96)。

3. 仪器及设备

(1)钢尺和钢卷尺、直角尺:精度 1 mm。

(2)钢尺或木直尺:长度超过 1 m,精度 1 mm。

(3)小锤。

4. 外观检查

(1)粉煤灰砌块各部位的名称如图 10-1 所示。

(2)表面疏松。目测或用小锤检查砌块表面有无膨胀、结构松散等现象。

(3)裂缝。

①肉眼检查有无贯穿一面二棱的裂缝,如图 10-2(a)所示中的任一条。

②用尺测量各面上的裂缝长度,精确至 1 mm,如图 10-2(b)所示

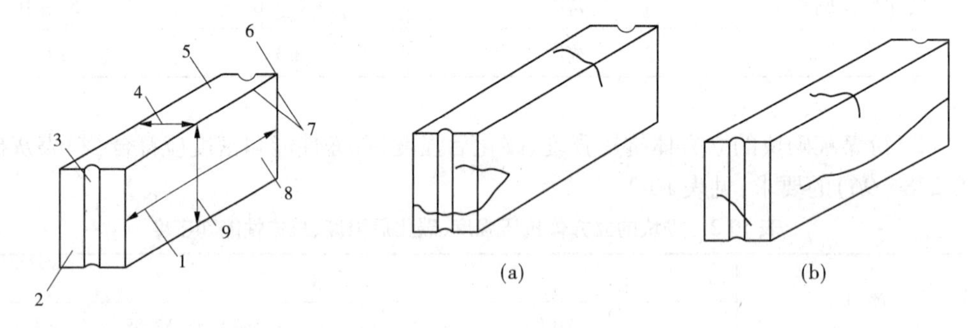

1—长度;2—端面;3—灌浆槽;4—宽度;5—坐浆面(或铺浆面);6—角;7—楞;8—侧面;9—高度

图 10-1 粉煤灰砌块形状示意图

图 10-2 裂缝长度测量

(4)石灰团、石膏团、粉煤灰团、空洞、爆裂、局部突起。用肉眼观察,并用尺测量其直径的大小。

(5)翘曲。将直尺沿棱边贴放,量出最大弯曲或突出处尺寸,精确至 1 mm,如图 10-3 所示。

(6)缺棱掉角。测量砌块破坏部分,对砌块长、高、宽 3 个方向的投影尺寸精确至 1 mm,如图 10-4 所示。

(7)高低差。粉煤灰砌块长度方向的高低差值:测某一端面两棱边与相对应的端面两棱边的高低差值,如图 10-5(a)所示。

粉煤灰砌块宽度方向的高低差值:测某一侧面两棱边与相对应的侧面两棱边的高低差值,如图 10-5(b)所示。

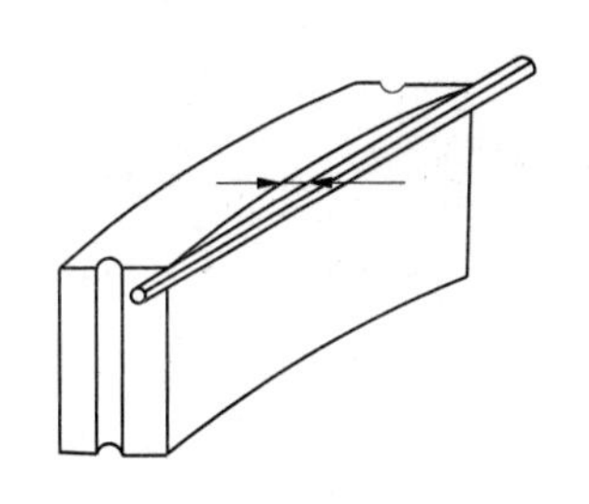

图 10-3　翘曲测量

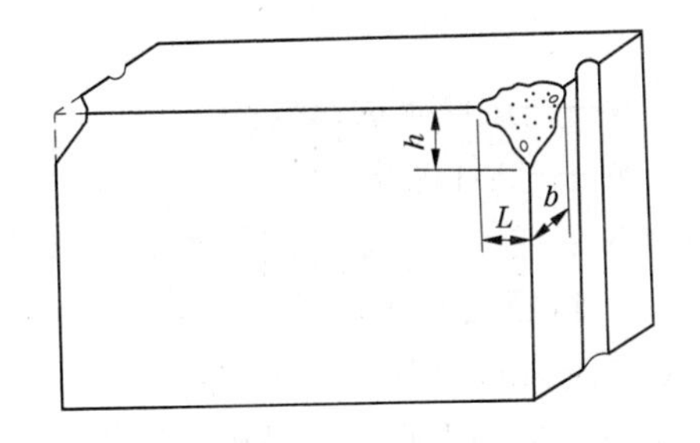

L—长度方向的投影尺寸;h—高度方向的投影尺寸;
b—宽度方向的投影尺寸

图 10-4　缺棱掉角测量

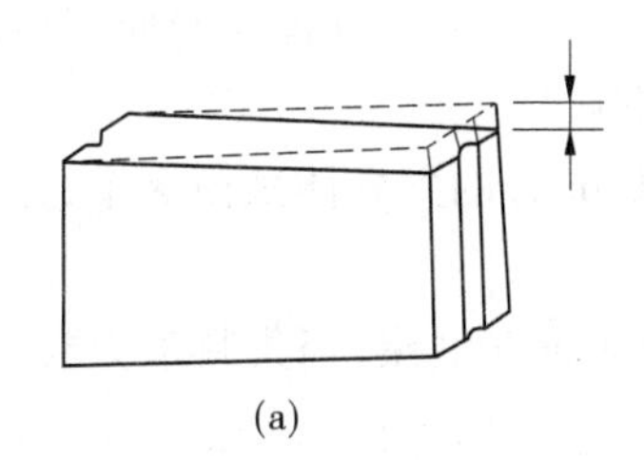

(a)

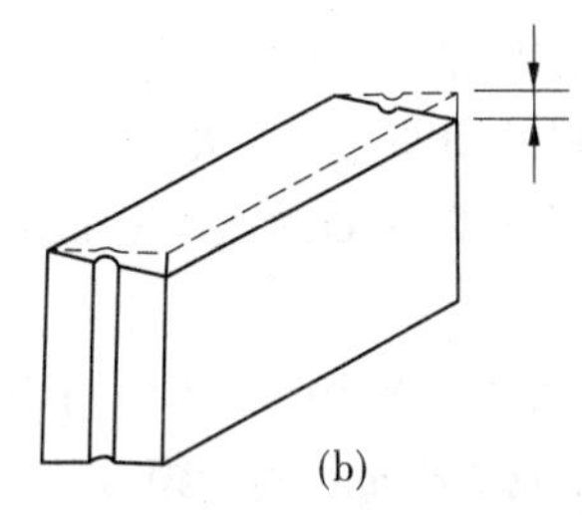

(b)

图 10-5　高低差测量示意图

5. 尺寸测量

长度:立模砌块在侧面的中间测量,平模砌块在坐浆面或铺浆面的中间测量。

高度:在端面的两侧测量。

宽度:在端面的中间测量。

每项在对应两面各测一次,取最大值,精确至 1 mm。

6. 结果评定

结果与《粉煤灰砌块》(JC 238—96)对照检查,进行评定。

(二)密度试验

1. 目的及适用范围

本方法适用于测定粉煤灰砌块的密度。

2. 采用标准

《粉煤灰砌块》(JC 238—96)。

3. 仪器设备

台秤:最大称量 10 kg,感量 1 g。

4. 试验步骤

(1)取做抗压强度试验的 3 块试件,经蒸养结束出池后,称其质量,精确至 0.01 kg。

(2)测量试件尺寸,精确至 1 mm,计算试件体积 V。

5. 结果计算与评定

密度 γ(kg/m^3)按式(10-1)计算:

$$\gamma = \frac{W}{V} \tag{10-1}$$

式中　W——试件质量,kg;

V——试件体积,m^3。

取3个试件计算结果的算术平均值,精确至1 kg/m^3。

(三)抗压强度试验

1. 目的及适用范围

本方法适用于测定粉煤灰砌块的抗压强度。

2. 采用标准

《粉煤灰砌块》(JC 238—96)。

3. 仪器设备

(1)压力试验机:精度(示值的相对误差)应小于2%,其量程应能使试件的预期破坏荷载值不小于全量程的20%,也不大于全量程的80%。

(2)试模:边长为200 mm(或150 mm,或100 mm)的立方体试模3个,试模的质量要求应符合国标的规定。

注:当集料最大粒径≤30 mm时,用边长为100 mm试模;当集料最大粒径≤40 mm时,用边长为150 mm或200 mm的试模。

4. 试件制备

在生产过程中,每一蒸养池按随机抽样方法,抽取混合料,制作3个立方体试件与砌块同池养护。

5. 试验步骤

抗压试验时,将试件置于压力机加压板的中央,承压面应与成型时的顶面垂直,以每秒0.2~0.3 MPa的加荷速度加荷至试件破坏。

6. 结果计算

(1)每块试件的抗压强度R按式(10-2)计算,精确至0.1 MPa。

$$R = \frac{P}{F} \tag{10-2}$$

式中　P——破坏荷载,N;

F——承压面积,mm^2。

(2)抗压强度取3个试件的算术平均值。以边长为200 mm的立方体试件为标准试件,当采用边长为150 mm的立方体试件时,结果须乘以0.95折算系数;当采用边长为100 mm的立方体试件时,结果须乘以0.90折算系数。

(3)试件须在蒸养结束后24~36 h内进行抗压试验。如在热池揭盖半小时内进行抗压试验(热压),其结果须乘以1.12折算系数。

7. 结果评定

结果与《粉煤灰砌块》(JC 238—96)对照检查,进行评定。

(四)人工碳化后强度

1. 目的及适用范围

本方法适用于测定粉煤灰砌块经人工碳化后的强度。

2. 采用标准

《粉煤灰砌块》(JC 238—96)。

3. 仪器设备及试剂

(1)二氧化碳气瓶:盛压缩二氧化碳气用。

(2)碳化箱:采用常压密封容器,内部有多层放试块的搁板。

(3)二氧化碳气体分析仪。

(4)1%酚酞乙醇溶液:用浓度为70%的乙醇配制。

(5)碳化试验装置,如图10-6所示。

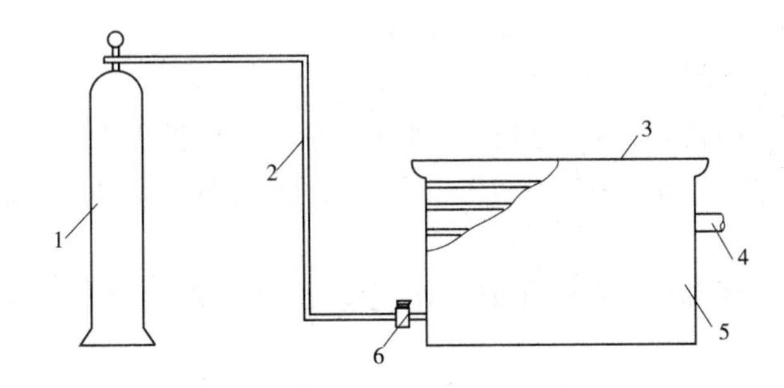

1—二氧化碳钢瓶;2—橡皮管;3—箱盖;4—接气体分析仪;5—碳化箱;6—进气口

图10-6　碳化试验装置

(6)抗压强度检验设备:与本节"四、(三)抗压强度试验"中的设备相同,取边长为100 mm的立方体试模15个。

4. 试验步骤

(1)取实际生产的混合料,制作边长为100 mm的立方体试件15块。

(2)蒸养拆模后24~36 h内取5块试件做抗压试验。

(3)其余10块试件在室内放置7 d,然后放入二氧化碳(CO_2)浓度为60%以上的碳化箱内,试验期间,碳化箱内的湿度始终控制在90%以下。

(4)从第四周开始,每周取1块试件劈开,用1%的酚酞乙醇溶液检查碳化程度,当试件中心不呈现红色时,则认为试件已全部碳化。

(5)将已全部碳化的5个试件于室内放置24~36 h,进行抗压试验,并按抗压强度计算公式进行计算。

5. 结果计算

人工碳化系数K_C按下式计算:

$$K_C = \frac{R_C}{R_1} \tag{10-3}$$

式中　R_C——试件人工碳化后强度,取5块碳化后试件强度的算术平均值,MPa;

R_1——对比试件强度,取5块碳化前试件强度的算术平均值,MPa。

砌块的人工碳化后强度,是用人工碳化系数K_C乘以每蒸养池试件的抗压强度,取3块试件的平均值,精确至0.1 MPa。

6. 结果评定

结果与《粉煤灰砌块》(JC 238—96)对照检查,进行评定。

（五）抗冻性试验

1. 目的及适用范围

本方法适用于测定粉煤灰砌块的抗冻性。

2. 采用标准

《粉煤灰砌块》（JC 238—96）。

3. 仪器设备

（1）冷冻室或冰箱：最低温度需达 -20 ℃。

（2）水池或水箱。

（3）试模：边长为 100 mm 的立方体试模 10 个。

4. 试验步骤

（1）取实际生产的混合料，制作边长为 100 mm 的立方体试件 10 块。

（2）蒸养拆模 24 h 后，将试件放入 10～20 ℃的水中，其间距 20 mm，水面高出试件 20 mm 以上。

（3）试件浸泡 48 h 后取出，检查并记录外观情况，然后将 5 块做冻融试验，5 块进行抗压强度试验。

（4）试件应在冰箱或冷冻室达到 -15 ℃以下时放入，其间距不小于 20 mm，试件在 -15 ℃以下冻 8 h，然后取出放入 10～20 ℃的水中融化 4 h，作为一次冻融循环，反复进行 15 次。

（5）冻融循环结束后，取出试件检查并记录外观情况，进行抗压强度试验，加荷速度为 0.2～0.3 MPa/s。

5. 结果计算

抗压强度损失率 K_m（%）按式（10-4）计算：

$$K_m = \frac{R_2 - R_m}{R_2} \times 100\% \tag{10-4}$$

式中 R_2——浸泡 48 h 的 5 块对比试件抗压强度平均值，MPa；

R_m——冻融循环 15 次后的 5 块试件抗压强度平均值，MPa。

6. 结果评定

结果与《粉煤灰砌块》（JC 238—96）对照检查，进行评定。

（六）干缩值（快速试验方法）

1. 目的及适用范围

本方法适用于测定粉煤灰砌块的干缩值。

2. 采用标准

《粉煤灰砌块》（JC 238—96）。

3. 仪器设备

（1）收缩试模：卧式收缩膨胀仪。

（2）收缩头：见图 10-7。

（3）水池、带鼓风的烘箱。

（4）无水氯化钙。

4. 试验步骤

（1）在收缩试模两端埋设收缩头的预留孔。

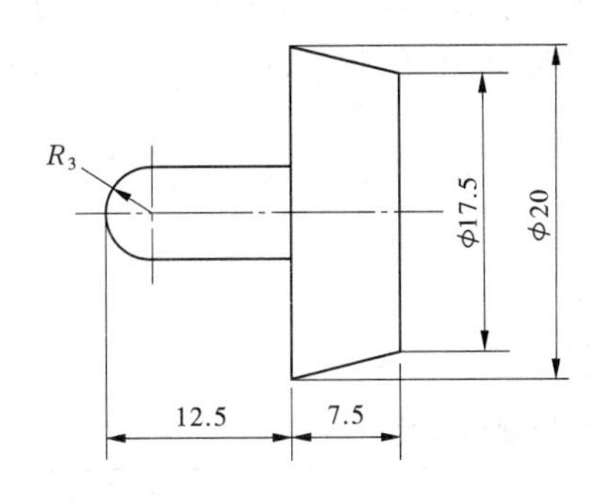

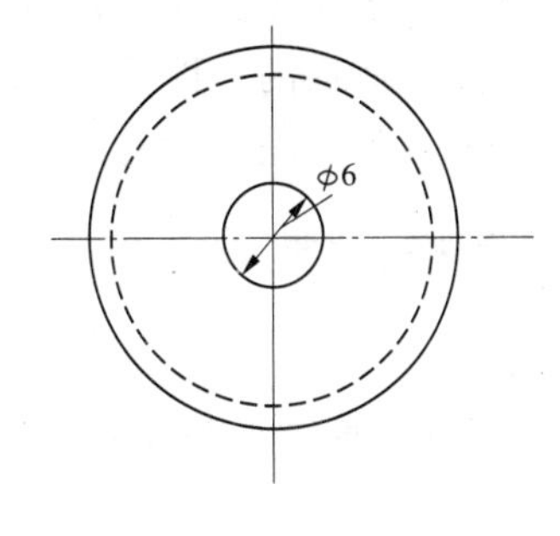

图 10-7 收缩头

(2)取实际生产的混合料,制作尺寸为 100 mm × 100 mm × 515 mm 的试件 3 块。

(3)蒸养拆模后,检查收缩头预留孔位置是否准确,如果不符合要求,须作修理或重新制作试件。用水泥净浆或合成树脂将收缩头固定在预留孔中。

(4)24 h 后将试件放入(20 ± 2)℃的水池中,浸泡 48 h 后取出,用湿布擦去表面水,擦净收缩头上的水分,立即用收缩膨胀仪测定初始长度,记下初始百分表读数,精确至 0.01 mm。

(5)将上述试件放入温度为(50 ± 2)℃的带鼓风的烘箱中干燥 2 d;然后在此烘箱中放入盛有氯化钙饱和溶液的瓷盘(3 块试件需放无水氯化钙 1 kg,水 500 mL,溶液的暴露面积为 0.2 m^2 以上),并应保持瓷盘内溶液中有氯化钙固相存在,烘箱内温度应保持(50 ± 2)℃,相对湿度达到 30% ± 2%。10 d 后,每隔 1 d 取出试件一次,于(20 ± 3)℃的室内放置 2 h 后,用收缩膨胀仪测定其长度,记下百分表读数,直至两次所测长度变化值小于 0.01 mm,此值即为试件干燥后长度(百分表读数)。

(6)在每次测量前后,收缩膨胀仪必须用标准杆校对零位读数。标准杆和试件放入收缩膨胀仪的位置,在每次测量时应保持一致。

5. 结果计算

干缩值 S(mm/m)按式(10-5)计算:

$$S = \frac{L_1 - L_2}{500} \times 1\ 000 \tag{10-5}$$

式中 L_1——试件初始长度(百分表读数),mm;

L_2——试件干燥后长度(百分表读数),mm;

500——试件长度,mm。

取 3 个试件计算结果的算术平均值,精确至 0.01 mm/m。

6. 结果评定

结果与《粉煤灰砌块》(JC 238—96)对照检查,进行评定。

第二节 蒸压加气混凝土砌块

一、定义

凡以钙质材料和硅质材料为基本原料(如水泥、水淬矿渣、粉煤灰、石灰、石膏等),经过磨细，以铝粉为发气材料（发气剂），按一定比例配合，再经过料浆浇注、发气成型、坯体切割、蒸压养护等工艺制成的一种轻质、多孔、块状墙体材料，称蒸压加气混凝土砌块（简称加气块）。

二、产品规格、分类

（一）规格

蒸压加气混凝土砌块的规格尺寸见表10-4。

表10-4　加气块的规格尺寸　（单位：mm）

长度 L	宽度 B	高度 H
600	100　120　125 150　180　200 240　250　300	200　240　250　300

注：如需要其他规格，可由供需双方协商解决。

（二）等级

加气块按强度和干密度分级。

强度级别有：A1.0、A2.0、A2.5、A3.5、A5.0、A7.5、A10七个级别。

干密度级别有：B03、B04、B05、B06、B07、B08六个级别。

（三）加气块等级

砌块按尺寸偏差与外观质量、干密度、抗压强度和抗冻性分为优等品（A）、合格品（B）二个等级。

（四）加气混凝土砌块产品标记示例

加气混凝土砌块按名称、强度、干密度、长度、高度、宽度和等级顺序进行标记。

例如，强度级别为A1.0，干密度级别为B03，长度为600 mm，高度为200 mm，宽度为100 mm，优等品的蒸压加气混凝土砌块，其标记为：ACB A1.0 B03 600×200×100A GB 11968—2006。

三、质量标准

（1）加气混凝土砌块的尺寸偏差和外观应符合《蒸压加气混凝土砌块》（GB 11968—2006）的要求，见表10-5。

表10-5　加气混凝土砌块的尺寸偏差和外观要求

项目			指标	
			优等品（A）	合格品（B）
尺寸允许偏差（mm）	长度	L	±3	±4
	宽度	B	±1	±2
	高度	H	±1	±2

续表 10-5

项目		指标	
		优等品(A)	合格品(B)
缺棱掉角	最小尺寸不得大于(mm)	0	30
	最大尺寸不得大于(mm)	0	70
	大于以上尺寸的缺棱掉角个数,不多于(个)	0	2
裂纹长度	贯穿一楞二面的裂纹长度不得大于裂纹所在面的裂纹方向尺寸总和的	0	1/3
	任一面上的裂纹长度不得大于裂纹方向尺寸的	0	1/2
	大于以上尺寸的裂纹条数,不多于(条)	0	2
爆裂、黏模和损坏深度不得大于(mm)		10	30
平面弯曲		不允许	
表面疏松、层裂		不允许	
表面油污		不允许	

(2)加气块的抗压强度应符合表 10-6 的规定。

(3)加气块的干密度应符合表 10-7 的规定。

(4)加气块的强度级别应符合表 10-8 的规定。

(5)加气块的干燥收缩、抗冻性和导热系数(干态)应符合表 10-9 的规定。

表 10-6 加气块的立方体抗压强度 (单位:MPa)

强度级别	立方体抗压强度	
	平均值不小于	单块最小值不小于
A1.0	1.0	0.8
A2.0	2.0	1.6
A2.5	2.5	2.0
A3.5	3.5	2.8
A5.0	5.0	4.0
A7.5	7.5	6.0
A10.0	10.0	8.0

注:加气块立方体抗压强度是采用 100 mm×100 mm×100 mm 立方体试件,含水率为 8%~12%时测定的抗压强度。

表 10-7 加气块的干密度 (单位:kg/m^3)

干密度级别		B03	B04	B05	B06	B07	B08
干密度	优等品(A),≤	300	400	500	600	700	800
	合格品(B),≤	325	425	525	625	725	825

表 10-8　加气块的强度级别

干密度级别		B03	B04	B05	B06	B07	B08
强度级别	优等品(A)	A1.0	A2.0	A3.5	A5.0	A7.5	A10.0
	合格品(B)			A2.5	A3.5	A5.0	A7.5

表 10-9　加气块的干燥收缩、抗冻性和导热系数

干密度级别			B03	B04	B05	B06	B07	B08
干燥收缩值[a]	标准法(mm/m),≤		0.50					
	快速法(mm/m),≤		0.80					
抗冻法	质量损失(%),≤		5.0					
	冻后强度(MPa),≥	优等品(A)	0.8	1.6	2.8	4.0	6.0	8.0
		合格品(B)			2.0	2.8	4.0	6.0
导热系数(干态)[W/(m·K)],≤			0.10	0.12	0.14	0.16	0.18	0.20

注:a 规定采用标准法、快速法测定加气块干燥收缩值,若测定结果发生矛盾不能判定,则以标准法测定的结果为准。

四、检验方法

(一)尺寸测量和外观质量检查

1.目的及适用范围

测定加气混凝土砌块的尺寸,进行外观质量检查。

2.采用标准

《蒸压加气混凝土砌块》(GB 11968—2006)。

3.仪器设备

量具:采用钢尺、钢卷尺(最小刻度 1 mm)。

4.试验步骤

(1)尺寸测量。长度、高度、宽度分别在 2 个对应面的端部测量,共量 6 个尺寸,如图 10-8 所示。

(2)缺棱掉角。测量砌块破坏部分对砌块的长、高、宽三个方向的投影面积尺寸,如图 10-9 所示。

(3)平面弯曲。测量弯曲面的最大缝隙尺寸,如图 10-10 所示。

(4)裂纹长度。裂纹长度以所在面最大的投影尺寸为准,如图 10-11 中 L_1。若裂纹从一面延伸到另一面,则以 2 个面上的投影尺寸之和为准,如图 10-11 中的 d_2+h_2 和 L_3+h_3。

(5)爆裂、黏模和损坏深度。将钢尺平放在砌块表面,用钢卷尺垂直于钢尺,测量其最大深度。

(6)砌块表面疏松、层裂。目测,记录结果。

5.结果评定

结果与《蒸压加气混凝土砌块》(GB 11968—2006)对照检查,进行评定。

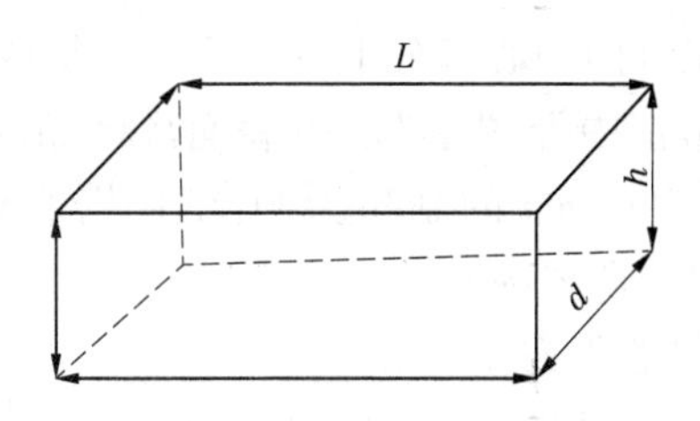

L—长度;d—宽度;h—高度

图 10-8　尺寸测量示意图

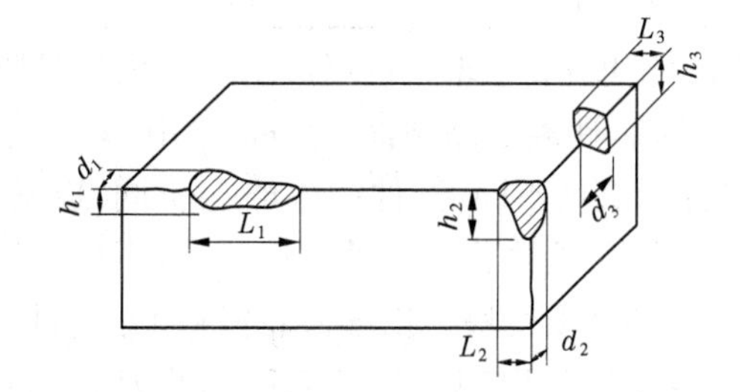

L_1、L_2、L_3—长度方向的投影尺寸;h_1、h_2、h_3—高度方向的投影尺寸;d_1、d_2、d_3—宽度方向的投影尺寸

图 10-9　缺棱掉角测量示意图

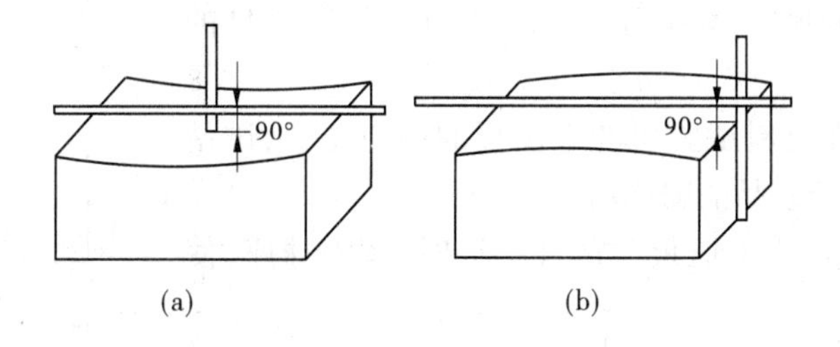

图 10-10　平面弯曲测量示意图

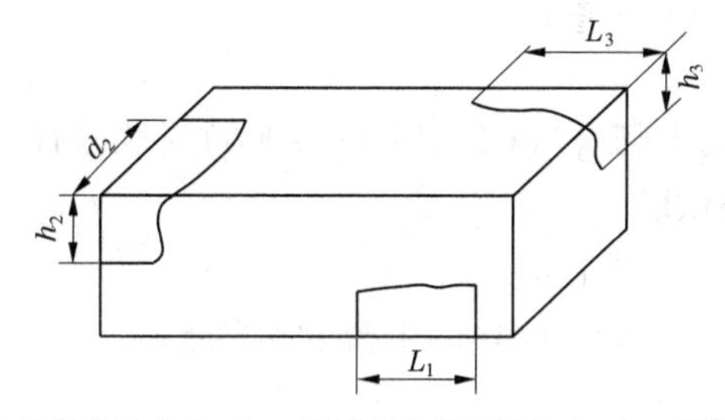

L_1、L_3—长度方向的投影尺寸;h_2、h_3—高度方向的投影尺寸;d_2—宽度方向的投影尺寸

图 10-11　裂纹长度测量示意图

(二)立方体抗压强度试验

1. 目的及适用范围

本方法适用于测定蒸压加气混凝土的立方体抗压强度。

2. 采用标准

《蒸压加气混凝土性能试验方法》(GB/T 11969—2008)。

3. 仪器设备

(1)材料试验机:精度(示值的相对误差)不应低于 ±2%,其量程的选择应能使试件的预期破坏荷载落在满载的 20% ~80% 范围内。

(2)钢板直尺:精度为 0.5 mm。

4. 试件制备

(1)试件的尺寸为 100 mm×100 mm×100 mm,一组 3 块,采用机锯(不得用砂轮片)或刀锯，锯时不得将试件弄湿。

（2）干密度、吸水率、抗压强度试件，沿制品膨胀方向中心部分上、中、下顺序锯取一组，“上”块上表面距离制品顶面 30 mm，“中”块在制品正中处，“下”块下表面离制品底面 30 mm。制品的高度不同，试件间隔略有不同，以高度 600 mm 的制品为例，试件锯取部位如图 10-12 所示。受力面必须锉平或磨平，不得有裂缝或明显缺陷。

（3）试件必须逐块加以编号，并标明锯取部位和膨胀方向，其外形必须是正方体，尺寸允许偏差为 ±2 mm。在基准含水状态（含水率为 8% ~12%）下进行试验。

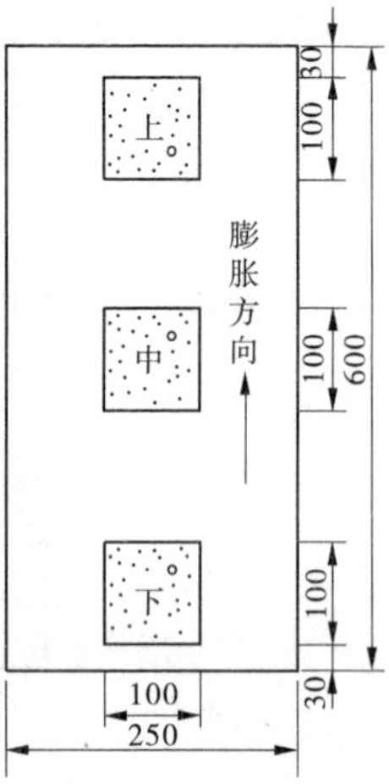

图 10-12　干密度、吸水率、抗压、抗拉、抗冻性试件锯取示意图

5. 试验步骤

（1）检查试件外观。

（2）测量试件的尺寸，精确至 1 mm，并据此计算试件的受压面积。

（3）将试件放在材料试验机的下压板的中心位置，试件的受压方向应垂直于制品的膨胀方向。

（4）开动试验机，当上压板与试件接近时，调整球座，使之接触均匀。

（5）以（2 ±0.5）kN/s 的速度连续而均匀地加荷，直至试件破坏，记录破坏荷载。

（6）将试验后的试件全部或部分立即称重，然后在（105 ±5）℃下烘至恒重，计算其实际含水率。

7. 结果评定

结果与《蒸压加气混凝土砌块》（GB 11968—2006）对照检查，进行评定。

（三）干密度和含水率试验

1. 目的及适用范围

本方法适用于测定加气混凝土砌块的干密度和含水率。

2. 采用标准

《蒸压加气混凝土性能试验方法》（GB/T 11969—2008）。

3. 仪器设备

（1）电热鼓风干燥箱。

（2）天平：感量为 1 g。

（3）钢板直尺：精度为 0.5 mm。

4. 试件制备

同立方体抗压强度中试件的制备。

5. 试验步骤

（1）取 100 mm × 100 mm × 100 mm 立方体试件一组 3 块，逐块量取长、宽、高三个方向的轴线尺寸，精确至 1 mm，计算试件的体积，并称取试件质量（G），精确至 1 g。

（2）将试件放入电热鼓风干燥箱内，在（60 ±5）℃下保温 24 h，然后在（80 ±5）℃下保温 24 h，再在（105 ±5）℃下烘至恒重（G_0）。恒重指在烘干过程中间隔 4 h，前后两次质量差不超过试件质量的 0.5%。

7. 结果评定

(1)干密度和含水率均以 3 块试件试验值的算术平均值作为结果,干密度精确至 1 kg/m^3,含水率精确至 0.1%。

(2)结果与《蒸压加气混凝土砌块》(GB 11968—2006)对照检查,进行评定。

(四)吸水率试验

1. 目的及适用范围

本方法适用于测定加气混凝土砌块的吸水率。

2. 采用标准

《蒸压加气混凝土性能试验方法》(GB/T 11969—2008)。

3. 仪器设备

(1)电热鼓风干燥箱。

(2)天平:感量为 1 g。

(3)恒温水槽。

4. 试件制备

同立方体抗压强度中试件的制备。

5. 试验步骤

(1)取 100 mm×100 mm×100 mm 一组 3 块试件放入电热鼓风干燥箱内,在(60±5)℃下保温 24 h,然后在(80±5)℃下保温 24 h,再在(105±5)℃下烘干至恒重(G_0)。

(2)试件冷却至室温后,放入水温为(20±5)℃的恒温水槽内,然后加水至试件高度的 1/3,保持 24 h,再加水至试件高度的 2/3,经 24 h 后,加水高出试件 30 mm 以上,保持 24 h。

(3)将试件从水中取出,用湿布抹去表面水分,立即称取每块质量(G_0),精确至 1 g。

7. 结果评定

以 3 块试件试验值的算术平均值作为结果,吸水率的计算精确至 0.1%。

第十一章　防水材料

我国建筑防水技术一直沿用以石油沥青为基料的材料，除产品单一、热施工污染环境外，还存在低温脆裂、高温流淌、容易产生起鼓、老化、龟裂、腐烂、渗漏等工程质量问题。屋面漏雨、厕所卫生间漏水、装配式大板建筑板缝以及地下室渗漏等是建筑防水工程常见的质量通病，也是国内外非常重视而深入研究的课题。当前，国内外建筑防水材料的总趋势是由传统的沥青油毡向高分子材料或高分子改性沥青系发展的；屋面防水构造由多层向单层发展；施工技术由热熔施工向冷涂、粘贴技术发展，已经突破了传统多层油毡垄断防水工程的局面。下面重点介绍几种被公认的防水涂料、防水卷材及防水油膏。

第一节　石油沥青

一、沥青的主要组分和分类

沥青是一种有机胶凝材料，是由许多高分子碳氢化合物及其非金属（氧、硫、氮等）衍生物所组成的极其复杂的混合物。在常温下，沥青呈黑色或黑褐色的固态、半固态或液态。

沥青分类如下：

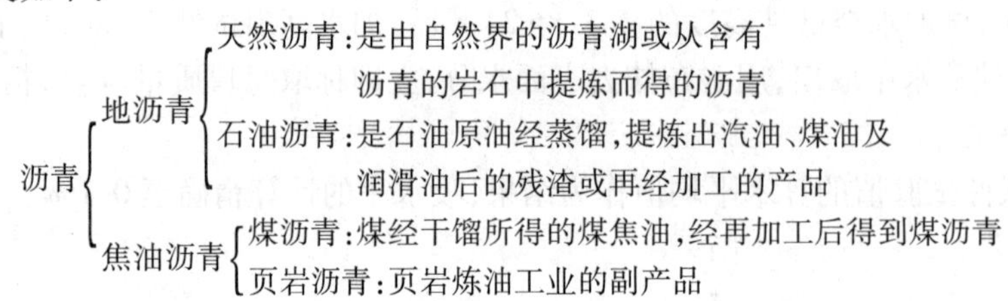

建筑施工中广泛使用的石油沥青是原油加工过程的一种产品，在常温下是黑色或黑褐色的黏稠液体、半固体或固体，主要含有可溶于三氯乙烯的烃类及非烃类衍生物，其性质和组成随原油来源和生产方法的不同而变化。

因为沥青的化学组成复杂，对组成进行分析很困难，且其化学组成也不能反映出沥青性质的差异，所以一般不作沥青的化学分析。通常从使用角度出发，将沥青中按化学成分和物理力学性质相近的成分划分为若干个组，这些组就称为组分。石油沥青的组分及其主要物性为油分、树脂、地沥青质。

油分为淡黄色至红褐色的油状液体，其分子量为100～500，密度为0.71～1.00 g/cm^3，能溶于大多数有机溶剂，但不溶于酒精。在石油沥青中，油分的含量为40%～60%。油分赋予沥青以流动性。

树脂又称脂胶，为黄色至黑褐色半固体黏稠物质，分子量为600～1 000，密度为1.0～1.1 g/cm^3。沥青脂胶中绝大部分属于中性树脂。中性树脂能溶于三氯甲烷、汽油和苯等有机溶剂，但在酒精和丙酮中难溶解或溶解度很低。中性树脂含量增加，石油沥青的延度和黏结力等性能愈好。在石油沥青中，树脂的含量为15%～30%，它使石油沥青具有良好的塑性和黏结性。

地沥青质为深褐色至黑色固态无定性的超细颗粒固体粉末，分子量为2 000～6 000，密度大于1.0 g/cm³，不溶于汽油，但能溶于二硫化碳和四氯化碳中。地沥青质是决定石油沥青温度敏感性和黏性的重要组分。沥青中地沥青质含量在10%～30%，其含量愈多，则软化点愈高，黏性愈大，也愈硬脆。

石油沥青中还含有2%～3%的沥青碳和似碳物（黑色固体粉末），是石油沥青中分子量最大的，它会降低石油沥青的黏结力。石油沥青中还含有蜡，它会降低石油沥青的黏结性和塑性，同时对温度特别敏感（即温度稳定性差）。

沥青材料按品种分为石油沥青和焦油沥青两大类，在建筑施工中广泛使用石油沥青，在防水工程上多采用10号、30号的石油沥青和60号道路石油沥青或其熔合物，亦可用55号普通石油沥青与建筑10号石油混合使用，以改变55号石油沥青的性能。低标号石油沥青亦可采用吹氧方法制10～30号石油沥青。

石油沥青按生产方法分为直馏沥青、溶剂脱油沥青、氧化沥青、调合沥青、乳化沥青、改性沥青等，按外观形态分为液体沥青、固体沥青、稀释液、乳化液、改性体等，按用途分为道路沥青、建筑沥青、防水防潮沥青、以用途或功能命名的各种专用沥青等。

防水工程也多采用炼焦过程中的副产品——煤焦油沥青。配制焦油沥青胶应采用中焦油沥青与焦油的熔合物，煤焦油沥青一般用于地下防水或作防腐材料。

石油沥青是石油工业的副产品，是各项建筑中应用最广泛的沥青材料，它与煤沥青不能混合使用。因为掺入后常常发生互不溶合或产生沉渣变质现象，石油沥青与煤沥青的主要区别见表11-1。

表11-1　石油沥青与煤沥青的主要区别

项　目	石油沥青	煤沥青
密度	1.030 g/cm³	1.25～1.28 g/cm³
气味	加热后有松香味	加热后有臭味，气味强烈
毒性	无	有刺激性毒性
延性	较好	低温脆性
颜色	用30～50倍汽油或苯溶化，用玻璃棒沾一滴涂在滤纸上，斑点呈棕色	按左边方法检测，滤纸上呈两圈，外圈棕色内圈黑色
温度敏感性	较小	较大
大气稳定性	较高	较低
抗腐蚀性	差	强
外观	呈褐色	呈黑色
用途	适用于屋面道路及制造油毡油纸等	适用于地下防水层或作防腐材料用等

二、石油沥青的技术性质

（一）黏滞性

黏滞性是指沥青在外力作用下抵抗变形的能力，在一定程度上表示为沥青与另一物体的黏结力。表征半固体沥青、固体沥青黏滞性的指标是针入度。针入度是指在温度为25 ℃的条件下，以质量100 g的标准针，经5 s沉入沥青中的深度（每0.1 mm称1度）来表示。

表征液体沥青黏滞性的指标是黏滞度。它表示液体沥青在流动时的内部阻力。黏滞度是液体沥青在一定温度（25 ℃或60 ℃）条件下，经规定直径（3.5 mm或10 mL）的孔漏下50 mL所需的秒数。

（二）温度稳定性

沥青的温度稳定性是指沥青的黏性和塑性随温度升降而变化的性能，通常用软化点表示。在建筑工程中要根据使用部位、工程情况、使用地点气温来选择石油沥青软化点的高低。建筑屋面一般选用 10 号、30 号建筑石油沥青作为胶结料。例如，乳化沥青使用软化点较低的沥青，一般选用 60 号和 10 号石油沥青混合（其配合比 75∶25）。

（三）延度

它是呈半固体或固体石油沥青的主要性质。延伸率大小表示石油沥青塑性的好坏，沥青在一定温度与外力作用下变形能力的大小，主要决定于塑性。

（四）大气稳定性

石油沥青在热、阳光、氧气和潮湿等大气因素的长期综合作用下抵抗老化的性能，也是沥青材料的耐久性。

（五）闪火点

沥青加热后，产生易燃气体，与空气混合即发生闪火现象。开始出现闪火现象的温度叫闪火点，它是控制施工现场温度的指标。

（六）溶解度

溶解度是指沥青在有机溶剂中溶解程度，表示沥青的纯净程度。普通石油沥青比建筑、道路石油沥青的溶解度都小些，因此它的纯净度也小些，颗粒也较粗。

（七）含水率

沥青几乎不溶于水，但也不是绝对不含水的。水在纯沥青中的溶解度在 0.001% ~ 0.01%。石油沥青含水率大会给施工带来困难，在熬制沥青时容易溢锅，不安全。

石油沥青前几项性质，主要是针入度、延度、软化点三个指标，是决定石油沥青标号（牌号）的主要技术指标。

三、石油沥青的技术标准

（一）建筑石油沥青技术标准

建筑石油沥青的技术指标应符合《建筑石油沥青》（GB/T 494—2010）的要求，如表 11-2 所示。

表 11-2　建筑石油沥青的技术标准

项　目	质量指标		
	10 号	30 号	40 号
针入度（25 ℃，100 g，5 s）/（1/10 mm）	10 ~ 25	26 ~ 35	36 ~ 50
针入度（46 ℃，100 g，5 s）/（1/10 mm）	报告[a]	报告[a]	报告[a]
针入度（0 ℃，200 g，5 s）/（1/10 mm），≥	3	6	6
延度（25 ℃，5 cm/min）/（cm），≥	1.5	2.5	3.5
软化点（环球法）（℃），≥	95	75	60
溶解度（三氯乙烯）（%），≤	99.0		
蒸发后质量变化（163 ℃，5 h）（%），≤	1		
蒸发后 25 ℃针入度比[b]（%），≥	65		
闪点（开口杯法）（℃），≥	260		

注：1. a 报告应为实测值。

2. b 测定蒸发损失后样品的 25 ℃针入度与原 25 ℃针入度之比乘以 100 后，所得的百分比，称为蒸发后针入度比。

(二)道路石油沥青技术标准

道路石油沥青的技术指标应符合《道路石油沥青》(NB/SH/T 0522—2010)的要求,如表 11-3 所示。

表 11-3 道路石油沥青的技术标准

项 目	质量指标				
	200 号	180 号	140 号	100 号	60 号
针入度(25 ℃,100 g,5 s)(1/10 mm)	200~300	150~200	110~150	80~110	50~80
延度[①](25 ℃)(cm),≥	20	100	100	90	70
软化点(℃)	30~48	35~48	38~51	42~55	45~58
溶解度(%),≥	99.0				
闪点(开口)(℃),≥	180	200	230		
密度(25 ℃)(g/cm^3)	报告				
蜡含量(%),≤	4.5				
薄膜烘箱试验(163 ℃,5 h)					
质量变化(%),≥	1.3	1.3	1.3	1.2	1.0
针入度比(%)	报告				
延度(25 ℃)/cm	报告				

注:①如果 25 ℃延度达不到,15 ℃延度达到时,也认为是合格的,指标要求与 25 ℃延度一致。

(三)重交通道路石油沥青技术标准

重交通道路石油沥青的技术指标应符合(GB/T 15180—2010)的要求,如表 11-4 所示。

表 11-4 重交通道路石油沥青的技术标准

项 目	质量指标					
	AH-130	AH-110	AH-90	AH-70	AH-50	AH-30
针入度(25 ℃,100 g,5 s)(1/10 mm)	120~140	100~120	80~100	60~80	40~60	20~40
延度(15℃)(cm),≥	100	100	100	100	80	报告[a]
软化点(℃)	38~51	40~53	42~55	44~57	45~58	50~65
溶解度(%),≥	99.0	99.0	99.0	99.0	99.0	99.0
闪点(℃),≥	230			260		
密度(25 ℃)(kg/m^3)	报告					
蜡含量(%),≤	3.0	3.0	3.0	3.0	3.0	3.0
薄膜烘箱试验(163 ℃,5 h)						
质量变化(%),≤	1.3	1.2	1.0	0.8	0.6	0.5
针入度比(%),≥	45	48	50	55	58	60
延度(15 ℃)(cm),≥	100	50	40	30	报告[a]	报告[a]

注:a 报告应为实测值。

四、石油沥青的取样方法

(1)同一批出厂,同一规格标号的沥青以20 t为一个取样单位,不足20 t亦按一个取样单位。

(2)从每个取样单位的不同部位取5处洁净试样,每处所取数量大致相等,混合均匀后最终共取2 kg左右作为检验和留样用。

五、检测方法

(一)沥青针入度测定法

1. 原理及适用范围

沥青的针入度是在一定的温度及时间内在一定的荷重下,标准针垂直穿入沥青试样的深度,以1/10 mm表示。标准针、针连杆与附加砝码的总质量为(100 ±0. 05)g,温度为(25 ±0. 1)℃,时间为5 s。

本方法适用于测定针入度范围为(0 ~500)1/10 mm的固体和半固体沥青材料的针入度。

2. 采用标准

本方法采用的标准为《沥青针入度测定法》(GB/T 4509—2010)。

3. 仪器与材料

(1)针入度测定仪:形状如图11-1所示,针入度测定仪的下部为三脚底座,脚端装有螺丝,用以调正水平,座上附有放置试样的圆形平台及垂直固定支柱。柱上附有可以一下滑动的到悬臂两边:上臂装有分度为360°的针入度刻度盘;下臂装有操纵机件,以操纵标准针连杆的升降。应用时紧压按钮,杆能自由落下。垂直固定支柱下端,装有可以自由转动与调节伸长距离的悬臂,臂端装有一面小镜,借以观察针尖与试样表面的接触情况。针和针连杆的总质量为(50 ±0. 05)g,并另附(50 ±0. 05)g和(100 ±0. 05)g砝码各一个,供测定不同温度的针入度用。

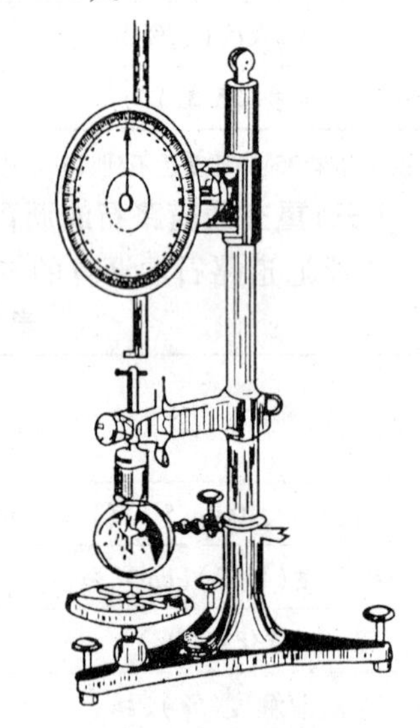

图11-1 针入度测定仪

(2)标准钢针:由硬化回火的不锈钢制造,钢号为440 - C或等同的材料,洛氏硬度为54 ~60(见图11-2)。针长约50 mm,长针长约60 mm,所有针的直径为1. 00 ~1. 02 mm。针的一端应磨成8°40′ ~9°40′的锥形。锥形应与针体同轴,圆锥表面和针体表面交界线的轴向最大偏差不大于0. 2 mm,切平的圆锥端直径应在0. 14 ~0. 16 mm,与针轴所成角度不超过2°。切平的圆锥面的周边应锋利没有毛刺。圆锥表面粗糙度的算术平均值应为0. 2 ~0. 3 μm。针应装在一个黄铜或不锈钢的金属箍中。金属箍的直径为(3. 20 ±0. 05)mm,长度为(38 ±1)mm,针应牢固地装在箍里。针尖及针的任何其余部分均不得偏离箍轴1 mm以上。针箍及其附件总质量为(2. 50 ±0. 05)g,可以在针箍的一端打孔或将其边缘磨平,以控制质量。

(3)试样皿:金属或玻璃的圆柱形平底容器,尺寸如表11-5所示。

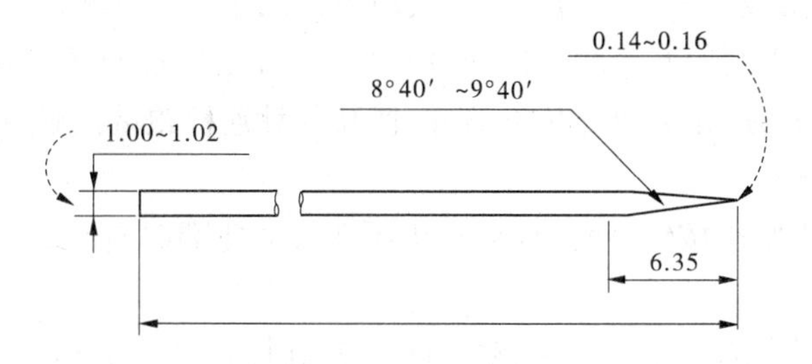

图 11-2　针入度标准针

表 11-5　试样皿尺寸

针入度范围	直径(mm)	深度(mm)
小于 40	35 ~ 55	8 ~ 16
小于 200	55	35
200 ~ 350	55 ~ 75	45 ~ 70
350 ~ 500	55	70

(4)恒温水浴:容量不少于 10 L,能保持温度在试验温度下控制在 ±0.1 ℃范围内的水浴。水浴中距水底部 50 mm 处有一个带孔的支架,这一支架离水面至少有 100 mm。如果针入度测定时在水浴中进行,支架应足够支撑针入度测定仪。在低温下测定针入度时,水浴中装入盐水。

注:水浴中建议使用蒸馏水,小心不要让表面活性剂、隔离剂或其他化学试剂污染水,这些物质的存在会影响针入度的测定值。建议测量针入度温度小于或等于 0 ℃时,用盐调整水的凝固点,以满足水浴恒温的要求。

(5)平底保温皿:平底玻璃皿的容量不小于 350 mL,深度要没过最大的样品皿,内设一个不锈钢三角支架,以保证试样皿稳定。

(6)温度计:刻度范围为 -8 ~55 ℃,分度值 0.1 ℃。

4. 试样制备

(1)小心加热样品,不断搅拌以防局部过热,加热到使样品能够易于流动。加热时焦油沥青的加热温度不超过软化点的 60 ℃,石油沥青不超过软化点的 90 ℃。加热时间在保证样品充分流动的基础上尽量少。加热、搅拌过程中避免试样中进入气泡。

(2)将试样倒入预先选好的试样皿中,试样深度应至少是预计锥入深度的 120%。然后将试样皿放置于 15 ~30 ℃的空气中冷却 0.75 ~2.0 h,冷却时须注意不使灰尘落入。冷却结束后将试样皿浸入(25 ±0.5)℃的水浴中,水面应没过试样表面 10 mm 以上,恒温 0.75 ~2.0 h。

5. 检测步骤

(1)调整针入度测定仪使成水平。检查针连杆和导轨,确保上面没有水和其他物质。先用合适的溶剂将针擦干净,再用干净的布擦干,然后将针插入针连杆中固定。按试验条件选择合适的砝码并放好砝码。

(2)试样皿恒温 0.75 ~2.0 h 后,取出并放入水温严格控制为 25 ℃的平底玻璃皿中的三角支架上，试样表面要被水完全覆盖。将平底玻璃皿放于针入度测定仪的圆形平台上，调节标准针使针尖与试样表面恰好接触，必要时用放置在合适位置的光源观察针头位置使针尖与水中针头的投影刚刚接触为止。拉下活杆，使其与针连杆顶端接触，调节针入度测定仪上的表盘读数指零或归零。

(3)开动秒表，用手紧压按钮，使标准针自由下落穿入沥青试样中，经过 5 s，停压按钮，使标准针停止移动。

(4)拉下活杆，使其与针连杆顶端接触。此时表盘指针的读数即为试样的针入度，用 1/10 mm 表示。

(5)同一试样至少重复测定三次。每一试验点的距离和试验点与试样皿边缘的距离都不得小于 10 mm。在每次试验前都应将试样和平底玻璃皿放入恒温水浴中，每次测定都要用干净的针。当针入度小于 200 时，可将针取下用合适的溶剂擦净后继续使用。当针入度大于 200 时，至少用三根针，每次试验用的针留在试样中，直到三根针扎完时再将针从试样中取出。取平行测定 3 个结果的平均值作为试样的针入度。

6. 结果评定

(1)三次测定针入度的平均值，取至整数作为试验结果。平行测定 3 个结果的最大值与最小值之差，不得超过表 11-6 的规定。

表 11-6　针入度准确度要求

针入度值(1/10 mm)	最大差值(1/10 mm)
0 ~ 49	2
50 ~ 149	4
150 ~ 249	6
250 ~ 350	8
350 ~ 500	20

(2)重复性：同一操作者在同一实验室用同一台仪器对同一样品测得的两次结果不超过平均值的 4%。

再现性：不同操作者在不同实验室用同一类型的不同仪器对同一样品测得的两次结果不超过平均值的 11%。

(二)沥青延度测定法

1. 原理及适用范围

将熔化的沥青试样注入专用模具中，先在室温冷却，然后放入保持在试验温度下的水浴中冷却，用热刀削去高出模具的试样，把模具重新放回水浴，再经一定时间，然后移到延度仪中进行试验，记录沥青试件在一定温度下(非经另行规定，温度为(25 ± 0.5)℃以一定速度(5 ± 0.25)cm/min 拉伸至断裂时的长度)。

本方法适用于沥青材料延度的测定。

2. 采用标准

本方法采用标准为《沥青延度测定法》(GB/T 4508—2010)。

3. 仪器与材料

(1)延度仪:系由一个内衬镀锌白铁的或不锈钢的长方形箱所构成,箱内装有可以转动的丝杠,其上附有滑板,丝杠转动时使滑板自一端向他端移动,其速度为(5 ±0. 25)cm/min。滑板上有一指针,借箱壁上所装标尺指示滑动距离,丝杠用电动机转动,在启动时无明显震动。

(2)试件模具:由两个侧模(*a*、*a*′)和两个端模(*b*、*b*′)组成,其形状及尺寸如图 11-3 所示。

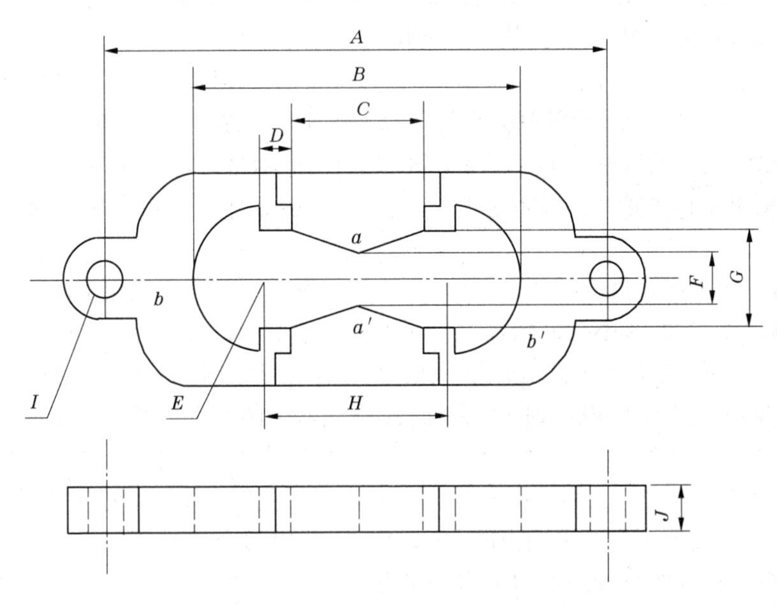

A—两端模环中心点距离 111. 5 ~113. 5 mm;*B*—试件总长 74. 54 ~75. 5 mm;
C—端模间距 29. 7 ~30. 3 mm;*D*—肩长 6. 8 ~7. 2 mm;*E*—半径 15. 75 ~16. 25 mm;
F—最小横断面宽 9. 9 ~10. 1 mm;*G*—端模口宽 19. 8 ~20. 2 mm;
H—两半圆心间距离 42. 9 ~43. 1mm;*I*—端模孔直径 6. 54 ~6. 7 mm;
J—厚度 9. 9 ~10. 1 mm

图 11-3　延度仪模具

(3)水浴:水浴能保持试验温度变化不大于 0. 1 ℃,容量至少为 10 L,试件浸入水中深度不得小于 10 cm。水浴中设置带孔搁架以支撑试件,搁架距水浴底部不得小于 5 cm。

(4)温度计:0 ~50 ℃,分度为 0. 1 ℃和 0. 5 ℃各一支。

注:如果延度试样放在 25 ℃标准的针入度浴中进行恒温,上述温度计可用 GB/T 4509—2010 中所规定的温度计代替。

(5)隔离剂:以质量计,由两份甘油和一份滑石粉调制而成。

(6)支撑板:黄铜板,一面应磨光至表面粗糙度为 Ra0. 63。

4. 准备工作

(1)将模具组装在支撑板上,将隔离剂涂于支撑板表面及图 11-3 中侧模的内表面,以防沥青沾在模具上。板上的模具要水平放好,以便模具的底部能够充分与板接触。

(2)小心加热样品,充分搅拌以防局部过热,直到样品容易倾倒。石油沥青加热温度不超过预计石油沥青软化点 90 ℃;煤焦油沥青样品加热温度不超过煤焦油沥青预计软化点 60 ℃。样品的加热时间在不影响样品性质和在保证样品充分流动的基础上尽量短。将熔化后的样品充分搅拌之后倒入模具中,在组装模具时要小心,不要弄乱了配件。在倒样时使试样呈细流状,自模的一端至另一端往返倒入,使试样略高出模具,将试件在空气中冷却 30 ~ 40 min,然后放在规定温度的水浴中保持 30 min 取出,用热的直刀或铲将高出模具的沥青刮出,使试样与模具齐平。

(3)恒温:将支撑板、模具和试件一起放入水浴中,并在试验温度下保持 85 ~ 95 min,然后从板上取下试件,拆掉侧模,立即进行拉伸试验。

5. 检测步骤

将模具两端的孔分别套在实验仪器的柱上,然后以一定的速度拉伸,直到试件拉伸断裂。拉伸速度允许误差在 ±5% 以内,测量试件从拉伸到断裂所经过的距离,以 cm 表示。试验时,试件距水面和水底的距离不小于 2. 5 cm,并且要使温度保持在规定温度的 ±0. 5 ℃范围内。

如果沥青浮于水面或沉入槽底,则试验不正常。应使用乙醇或氯化钠调整水的密度,使沥青材料既不浮于水面,又不沉入槽底。

正常的试验应将试样拉成锥形或线形、柱形,直至在断裂时实际横断面面积接近于零或一均匀断面。如果三次试验得不到正常结果,则报告在该条件下延度无法测定。

6. 结果评定

(1)若三个试件测定值在其平均值的 5% 内,取平行测定三个结果的平均值作为测定结果。若三个试件测定值不在其平均值的 5% 以内,但其中两个较高值在平均值的 5% 之内,则弃去最低测定值,取两个较高值的平均值作为测定结果,否则重新测定。

(2)重复性:同一操作者在同一实验室使用同一试验仪器对在不同时间同一样品进行试验得到的结果不超过平均值的 10%。

再现性:不同操作者在不同实验室用相同类型的仪器对同一样品进行试验得到的结果不超过平均值的 20%。

(三)沥青软化点测定法(环球法)

1. 原理及适用范围

沥青的软化点是试样在测定条件下,因受热而下坠达 25 mm 时的温度,以℃表示。

本方法适用于环球法测定软化点范围为 30 ~ 157 ℃的石油沥青和煤焦油沥青试样,对于软化点在 30 ~ 80 ℃范围内用蒸馏水做加热介质,软化点在 80 ~ 157 ℃范围内用甘油做加热介质。

2. 采用标准

本方法采用标准为《沥青软化点测定法(环球法)》(GB/T 4507—1999)。

3. 仪器与材料

(1)沥青软化点测定器技术条件:

①环:两只黄铜肩或锥环,其尺寸规格见图 11-4(a)。

②支撑板:扁平光滑的黄铜板,其尺寸约为 50 mm × 75 mm。

③球:两只直径为 9. 5 mm 的钢球,每只质量为(3. 50 ±0. 05)g。

④钢球定位器;两只钢球定位器用于使钢球定位于试样中央,其一般形状和尺寸见

图 11-4(b)。

⑤浴槽;可以加热的玻璃容器,其内径不小于 85 mm,离加热底部的深度不小于 120 mm。

⑥环支撑架和支架:一只铜支撑架用于支撑两个水平位置的环,其形状和尺寸见图 11-4(c),其安装图形见图 11-4 (d)。支撑架上的肩环的底部距离下支撑板的上表面为 25 mm,下支撑板的下表面距离浴槽底部为(16 ±3) mm。

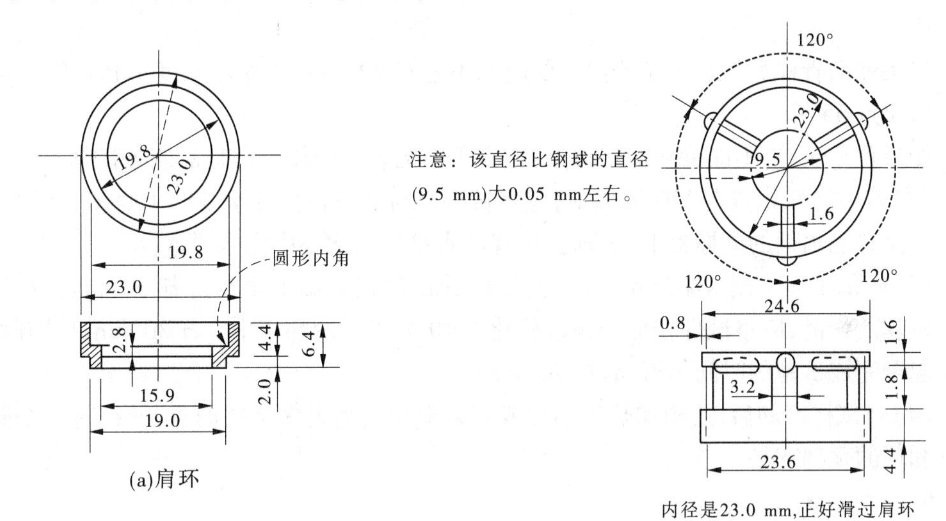

(a)肩环

(b)钢球定位器

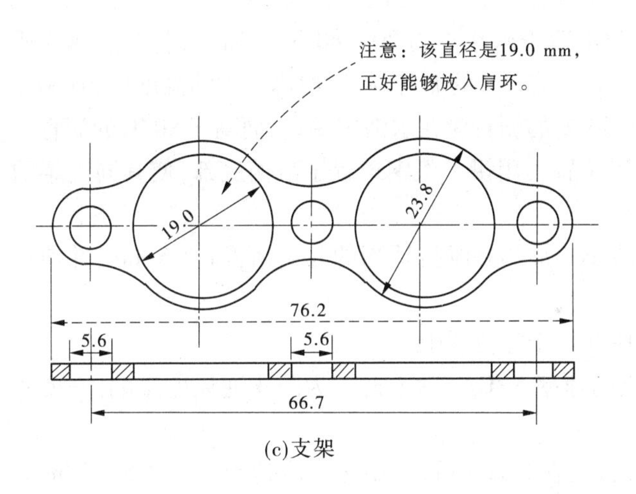

(c)支架

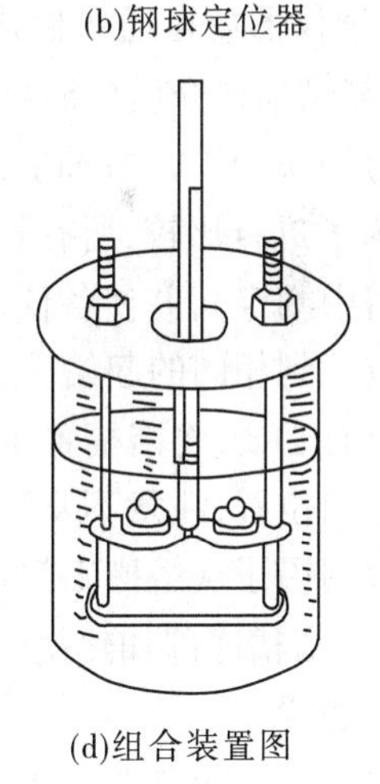

(d)组合装置图

图 11-4 环、钢球定位器、支架、组合装置图

⑦温度计:应符合 GB/T 514—2005 中沥青软化点专用温度计的规格技术要求,即测温范围为 30 ~180 ℃,最小分度值为 0. 5 ℃的全浸式温度计。

合适的温度计应按图 11-4(d)悬于支架上,使得水银球底部与环底部水平,其距离在 13 mm 以内,但不要接触环或支撑架,不允许使用其他温度计代替。

(2)加热介质:①新煮沸过的蒸馏水;②甘油。

(3)隔离剂:以质量计,由两份甘油和一份滑石粉调制而成。

(4)刀:切沥青用。

(5)筛:筛孔为0.3~0.5 mm的金属网。

4. 准备工作

(1)所有石油沥青试样的准备和测试必须在6 h内完成,煤焦油沥青必须在4.5 h内完成。小心加热试样,并不断搅拌以防止局部过热,直到样品变得流动。小心搅拌以免气泡进入样品中。

石油沥青样品加热至倾倒温度的时间不超过2 h,其加热温度不超过预计沥青软化点110 ℃。

煤焦油沥青样品加热至倾倒温度的时间不超过30 min,其加热温度不超过煤焦油沥青预计软化点55 ℃。

如果重复试验,不能重新加热样品,应在干净的容器中用新鲜样品制备试样。

(2)若估计软化点在120 ℃以上,应将黄铜环与支撑板预热至80~100 ℃,然后将铜环放到1涂有隔离剂的支撑板上,否则会出现沥青试样从铜环中完全脱落。

(3)向每个环中倒入略过量的沥青试样,让试件在室温下至少冷却30 min。对于在室温下较软的样品,应将试件在低于预计软化点10 ℃以上的环境中冷却30 min。从开始倒试样时起至完成试验的时间不得超过240 min。

(4)当试样冷却后,用稍加热的小刀或刮刀干净地刮去多余的沥青,使得每一个圆片饱满且和环的顶部齐平。

5. 检测步骤

(1)把仪器放在通风橱内并配置两个样品环、钢球定位器,并将温度计插入合适的位置,浴槽装满加热介质(新煮沸过的蒸馏水适于软化点为30~80 ℃的沥青,起始加热介质温度应为(5±1)℃。甘油适于软化点为80~157 ℃的沥青,起始加热介质的温度应为(30±1)℃。为了进行比较,所有软化点低于80 ℃的沥青应在水浴中测定,而高于80 ℃的沥青应在甘油浴中测定),并使各仪器处于适当位置。用镊子将钢球置于浴槽底部,使其同支架的其他部位达到相同的起始温度。

如果有必要,将浴槽置于冰水中,或小心加热并维持适当的起始浴温达15 min,并使仪器处于适当位置,注意不要沾污浴液。

再次用镊子从浴槽底部将钢球夹住并置于定位器中。

(2)从浴槽底部加热使温度以恒定的速率5 ℃/min上升。为防止通风的影响,必要时可用保护装置。

试验期间不能取加热速率的平均值,但在3 min后,升温速度应达到(5±0.5)℃/min,若温度上升速率超过此限定范围,则此次试验失败。

(3)当两个试环的球刚触及下支撑板时,分别记录温度计所显示的温度,无需对温度计的浸没部分进行校正,取两个温度的平均值作为沥青的软化点。如果两个温度的差值超过1 ℃,则重新试验。

6. 结果评定

(1)取两个结果的平均值作为试验结果。

(2)重复性:重复测定两次结果的差数不得大于1.2 ℃。

再现性:同一试样由两个实验室各自提供的试验结果之差不应超过2.0 ℃。

第二节　防水涂料

防水涂料是为适应建筑堵漏而发展起来的一类新型防水材料。它具有防水卷材的特性,还具有施工简便、易于维修等特点,特别适用于构造复杂部位的防水。

防水涂料的基本特点是:成膜快,不仅能在平面,而且能在立面、阴阳角及各种复杂表面,迅速形成完整的防水膜;防水性好,形成的防水膜有较好的延伸性、耐水性和耐老化性能;冷施工,使用时无需加热,既减少环境污染,又便于操作。

目前,市场上的防水涂料有三大类:第一类是聚氨酯防水涂料,第二类是水乳型沥青基防水涂料,第三类是水乳型合成高分子防水涂料。

一、聚氨酯防水涂料(GB/T 19250—2003)

(一)定义和产品分类

1. 定义

聚氨酯防水涂料是由异氰酸酯、聚醚等经加成聚合反应而成的含异氰酸酯基的预聚体,配以催化剂、无水助剂、无水填充剂、溶剂等,经混合等工序加工制成的防水涂料。该类涂料为反应固化型(湿气固化)涂料,具有强度高、延伸率大、耐水性能好等特点,对基层变形的适应能力强。

聚氨酯防水涂料是一种液态施工的环保型防水涂料,是以进口聚氨酯预聚体为基本成份,无焦油和沥青等添加剂。它与空气中的湿气接触后固化,在基层表面形成一层坚韧牢固的无接缝整体防膜。这种涂料有优异的耐候、耐油、耐磨、耐臭氧、耐海水、不燃烧及一定的耐碱性能,使用温度范围为 +80 ~ −30 ℃。施工厚度在 1.5 ~2.0 mm 时,其使用寿命达 10 年以上。它适用于屋面、地下室、浴室、混凝土构件伸缩缝防水等。

2. 产品分类

聚氨酯防水涂料按组分分为单组分(S)、多组分(M)两种。

聚氨酯防水涂料按拉伸性能分为Ⅰ、Ⅱ两类。

产品按下列顺序标记:产品名称、组分、类和标准号。

标记示例:Ⅰ类单组分聚氨酯防水涂料标记为 PU 防水涂料 S Ⅰ GB/T 19250—2003。

(二)技术指标

(1)单组分聚氨酯防水涂料物理力学性能应满足表 11-7 的要求。

表 11-7　单组分聚氨酯防水涂料的物理力学性能

序号	项目	Ⅰ	Ⅱ
1	拉伸强度(MPa),≥	1.90	2.45
2	断裂伸长率(%),≥	550	450
3	撕裂强度(N/mm),≥	12	14
4	低温弯折性(℃),≤	−40	
5	不透水性 0.3 MPa,30 min	不透水	

续表 11-7

序号	项目		Ⅰ	Ⅱ
6	固体含量(%),≥		80	
7	表干时间(h),≤		12	
8	实干时间(h),≤		24	
9	加热伸缩率(%)	≤	1.0	
		≥	-4.0	
10	潮湿基面黏结强度[a](MPa),≥		0.50	
11	定伸时老化	加热老化	无裂纹及变形	
		人工气候老化[b]	无裂纹及变形	
12	热处理	拉伸强度保持率(%)	80~150	
		断裂伸长率(%),≥	500	400
		低温弯折性(℃),≤	-35	
13	碱处理	拉伸强度保持率(%)	60~150	
		断裂伸长率(%),≥	500	400
		低温弯折性(℃),≤	-35	
14	酸处理	拉伸强度保持率(%)	80~150	
		断裂伸长率(%),≥	500	400
		低温弯折性(℃),≤	-35	
15	人工气候老化[b]	拉伸强度保持率(%)	80~150	
		断裂伸长率(%),≥	500	400
		低温弯折性(℃),≤	-35	

注:a 仅用于地下工程潮湿基面时要求。

b 仅用于外露使用的产品。

(2)多组分聚氨酯防水涂料物理力学性能应满足表 11-8 的要求。

表 11-8 多组分聚氨酯防水涂料物理力学性能

序号	项目	Ⅰ	Ⅱ
1	拉伸强度(MPa),≥	1.90	2.45
2	断裂伸长率(%),≥	450	450
3	撕裂强度(N/mm),≥	12	14
4	低温弯折性(℃),≤	-35	
5	不透水性 0.3 MPa,30 min	不透水	
6	固体含量(%),≥	92	
7	表干时间(h),≤	8	

续表 11-8

序号	项目		Ⅰ	Ⅱ
8	实干时间(h),≤		24	
9	加热伸缩率(%)	≤	1.0	
		≥	-4.0	
10	潮湿基面黏结强度[a](MPa),≥		0.50	
11	定伸时老化	加热老化	无裂纹及变形	
		人工气候老化[b]	无裂纹及变形	
12	热处理	拉伸强度保持率(%)	80~150	
		断裂伸长率(%),≥	400	
		低温弯折性(℃),≤	-30	
13	碱处理	拉伸强度保持率(%)	60~150	
		断裂伸长率(%),≥	400	
		低温弯折性(℃),≤	-30	
14	酸处理	拉伸强度保持率(%)	80~150	
		断裂伸长率(%),≥	400	
		低温弯折性(℃),≤	-30	
15	人工气候老化[b]	拉伸强度保持率(%)	80~150	
		断裂伸长率(%),≥	400	
		低温弯折性(℃),≤	-30	

注:a 仅用于地下工程潮湿基面时要求。

b 仅用于外露使用的产品。

二、水乳型沥青基防水涂料(JC/T 408—2005)

(一)定义和产品分类

1. 定义

水乳型沥青基防水涂料是以氯丁胶乳和优质沥青为基料,与其他乳化剂、活性剂、防老剂等助剂精加工而制成的一种水乳型涂料。

这种涂料具有防水性能好、低温柔性好、延伸率高、黏结力强、施工方便等特点。

2. 产品分类

水乳型沥青基防水涂料按性能分为 H 型和 L 型。

(二)技术指标

水乳型沥青基防水涂料物理力学性能应满足表 11-9 的要求。

表 11-9 水乳型沥青基防水涂料物理力学性能

<table>
<tr><td colspan="2">项目</td><td>L</td><td>H</td></tr>
<tr><td colspan="2">固体含量(%),≥</td><td colspan="2">45</td></tr>
<tr><td colspan="2" rowspan="2">耐热度(℃)</td><td>80 ±2</td><td>110 ±2</td></tr>
<tr><td colspan="2">无流淌、滑动、滴落</td></tr>
<tr><td colspan="2">不透水性</td><td colspan="2">0. 10 MPa,30 min 无渗水</td></tr>
<tr><td colspan="2">黏结强度(MPa),≥</td><td colspan="2">0. 30</td></tr>
<tr><td colspan="2">表干时间(h),≤</td><td colspan="2">8</td></tr>
<tr><td colspan="2">实干时间(h),≤</td><td colspan="2">24</td></tr>
<tr><td rowspan="4">低温柔度[a](℃)</td><td>标准条件</td><td>-15</td><td>0</td></tr>
<tr><td>碱处理</td><td rowspan="3">-10</td><td rowspan="3">5</td></tr>
<tr><td>热处理</td></tr>
<tr><td>紫外线处理</td></tr>
<tr><td rowspan="4">断裂伸长率(%),≥</td><td>标准条件</td><td colspan="2" rowspan="4">600</td></tr>
<tr><td>碱处理</td></tr>
<tr><td>热处理</td></tr>
<tr><td>紫外线处理</td></tr>
</table>

注:a 供需双方可以商定温度更低的低温柔度指标。

三、水乳型合成高分子防水涂料

(一)定义和产品特点

该类涂料主要有两种:一种是丙烯酸防水涂料,另一种是聚合物水泥基防水涂料。

1. 定义

丙烯酸防水涂料(JC/T 864—2008),它主要是以改性丙烯酸酯多元共聚物乳液为基料,添加多种填充料、助剂经科学加工而成的厚质单组分水性高分子防水涂膜材料。

聚合物水泥基(又称为 JS)防水涂料(GB/T 23445—2009),它是由聚醋酸乙烯酯、丁苯橡胶乳液、聚丙烯酸酯等合成高分子聚合物乳液及各种添加剂优化组合而成的液料和由特种水泥、级配砂等复合而成的双组分防水材料。

2. 产品特点

丙烯酸防水涂料坚韧,黏结力很强,弹性防水膜与基层能构成一个刚柔结合完整的防水体系以适应结构的种种变形,达到长期防水抗渗的作用。聚合物水泥基防水涂料既包含无机水泥,又包含有机聚合物乳液。有机聚合物涂膜柔性好,临界表面张力较低,装饰效果好,但耐老化性不足,而水泥是一种水硬性胶凝材料,与潮湿基面的黏结力强,抗湿性非常好,抗压强度高,但柔性差,二者结合,能使有机和无机结合,优势互补,刚柔相济,抗渗性提高,抗压比提高,综合性能比较优越,达到较好的防水效果。因此,这两种涂料已经成为防水涂料市场的主角。

（二）技术指标

（1）丙烯酸防水涂料物理力学性能应满足表 11-10 的要求。

表 11-10　丙烯酸防水涂料物理力学性能

序号	试验项目		指标	
			Ⅰ	Ⅱ
1	拉伸强度（MPa），≥		1.0	1.5
2	断裂延伸率（%），≥		300	
3	低温柔性，绕 Φ10 mm 棒弯 180°		-10 ℃，无裂纹	-20 ℃，无裂纹
4	不透水性，（0.3 MPa，30 min）		不透水	
5	固体含量（%），≥		65	
6	干燥时间（h）	表干时间，≤	4	
		实干时间，≤	8	
7	处理后的拉伸强度保持率（%）	加热处理，≥	80	
		碱处理，≥	60	
		酸处理，≥	40	
		人工气候老化处理[a]	—	80～150
8	处理后的断裂延伸率（%）	加热处理，≥	200	
		碱处理，≥		
		酸处理，≥		
		人工气候老化处理[a]，≥	—	200
9	加热伸缩率（%）	伸长，≤	1.0	
		缩短，≤	1.0	

注：a 仅用于外露使用产品。

（2）聚合物水泥（JS）防水涂料物理力学性能应满足表 11-11 的要求。

表 11-11　聚合物水泥（JS）防水涂料物理力学性能

序号	试验项目		技术指标		
			Ⅰ型	Ⅱ型	Ⅲ型
1	固体含量（%）		70	70	70
2	拉伸强度	无处理（MPa），≥	1.2	1.8	1.8
		加热处理后保持率（%），≥	80	80	80
		碱处理后保持率（%），≥	60	70	70
		浸水处理后保持率（%），≥	60	70	70
		紫外线处理后保持率（%），≥	80	—	—

续表 11-11

序号	试验项目		技术指标		
			Ⅰ型	Ⅱ型	Ⅲ型
3	断裂伸长率	无处理(%),≥	200	80	30
		加热处理(%),≥	150	65	20
		碱处理(%),≥	150	65	20
		浸水处理(%),≥	150	65	20
		紫外线处理(%),≥	150		
4	低温柔性(Φ10 mm 棒)		-10 ℃ 无裂纹	—	—
5	黏结强度	无处理(MPa),≥	0.5	0.7	1.0
		潮湿基层(MPa),≥	0.5	0.7	1.0
		碱处理(MPa),≥	0.5	0.7	1.0
		浸水处理(MPa),≥	0.5	0.7	1.0
6	不透水性(0.3 MPa,30 min)		不透水	不透水	不透水
7	抗渗性(砂装背水面)(MPa),≥		—	0.6	0.8

第三节 防水卷材

目前,工程中常用的防水卷材包括聚氯乙烯防水卷材、氯化聚乙烯防水卷材、氯化聚乙烯—橡胶共混防水卷材、聚乙烯丙纶复合防水卷材、弹性体(SBS)改性沥青防水卷材、塑性体(APP)改性沥青防水卷材、胶粉改性沥青防水卷材、自粘聚合物改性沥青防水卷材、预铺/湿铺防水卷材等。

一、聚氯乙烯防水卷材(GB 12952—2003)

(一)定义和产品分类

1. 定义

聚氯乙烯(PVC)防水卷材是以聚氯乙烯树脂为主要原料,加入各类专用助剂和抗老化组分,采用先进设备和先进的工艺生产制成的一种性能优异的高分子防水材料。产品具有拉伸强度大、延伸率高、收缩率小,低温柔性好、使用寿命长等特点。产品性能稳定、质量可靠、施工方便。

2. 产品分类

产品按有无复合层分为:无复合层的为 N 类,用纤维单面复合的为 L 类,织物内增强的为 W 类。

每类产品按理化性能分为Ⅰ型和Ⅱ型。

(二)技术指标

(1)PVC 防水卷材的外观质量、尺寸允许偏差技术指标如下:

①卷材的接头不多于一处,其中较短的一段长度不少于 1.5 m,接头应剪切整齐,并加长 150 mm。卷材表面应平整、边缘整齐,无裂纹、孔洞、黏结、气泡和疤痕。

②长度、宽度不小于规定值的 99.5%。厚度偏差和最小单个值应符合表 11-12 的规定。

表 11-12　厚度偏差允许值

厚度	允许偏差	最小单个值
1.2	±0.10	1.00
1.5	±0.15	1.30
2.0	±0.20	1.70

(2)N 类 PVC 防水卷材的物理力学性能应符合表 11-13 的规定。

表 11-13　N 类 PVC 防水卷材的物理力学性能

<table>
<tr><th>序号</th><th colspan="2">项目</th><th>Ⅰ型</th><th>Ⅱ型</th></tr>
<tr><td>1</td><td colspan="2">拉伸强度(MPa),≥</td><td>8.0</td><td>12.0</td></tr>
<tr><td>2</td><td colspan="2">断裂伸长率(%),≥</td><td>200</td><td>250</td></tr>
<tr><td>3</td><td colspan="2">热处理尺寸变化率(%),≤</td><td>3.0</td><td>2.0</td></tr>
<tr><td>4</td><td colspan="2">低温弯折性</td><td>-20 ℃无裂纹</td><td>-25 ℃无裂纹</td></tr>
<tr><td>5</td><td colspan="2">抗穿孔性</td><td colspan="2">不渗水</td></tr>
<tr><td>6</td><td colspan="2">不透水性</td><td colspan="2">不透水</td></tr>
<tr><td>7</td><td colspan="2">剪切状态下的黏合性(N/mm),≥</td><td colspan="2">3.0 或卷材破坏</td></tr>
<tr><td rowspan="4">8</td><td rowspan="4">热老化处理</td><td>外观</td><td colspan="2">无起泡、裂纹、黏结和孔洞</td></tr>
<tr><td>拉伸强度变化率(%)</td><td rowspan="2">±25</td><td rowspan="2">±20</td></tr>
<tr><td>断裂伸长率变化率(%)</td></tr>
<tr><td>低温弯折性</td><td>-15 ℃无裂纹</td><td>-20 ℃无裂纹</td></tr>
<tr><td rowspan="3">9</td><td rowspan="3">耐化学侵蚀</td><td>拉伸强度变化率(%)</td><td rowspan="2">±25</td><td rowspan="2">±20</td></tr>
<tr><td>断裂伸长率变化率(%)</td></tr>
<tr><td>低温弯折性</td><td>-15 ℃无裂纹</td><td>-20 ℃无裂纹</td></tr>
<tr><td rowspan="3">10</td><td rowspan="3">人工气候加速老化</td><td>拉伸强度变化率(%)</td><td rowspan="2">±25</td><td rowspan="2">±20</td></tr>
<tr><td>断裂伸长率变化率(%)</td></tr>
<tr><td>低温弯折性</td><td>-15 ℃无裂纹</td><td>-20 ℃无裂纹</td></tr>
</table>

注:非外露使用可以不考核人工气候加速老化性能。

(3)L 类纤维单面复合及 W 类织物内增强卷材的物理力学性能应符合表 11-14 的规定。

表 11-14　L 类纤维单面复合及 W 类织物内增强卷材的物理力学性能

序号	项目		Ⅰ型	Ⅱ型
1	拉力(N/cm),≥		100	160
2	断裂伸长率(%),≥		150	200
3	热处理尺寸变化率(%),≤		1.5	1.0
4	低温弯折性		-20 ℃无裂纹	-25 ℃无裂纹
5	抗穿孔性		不渗水	
6	不透水性		不透水	
7	剪切状态下的黏合性(N/mm),≥	L 类	3.0 或卷材破坏	
		W 类	6.0 或卷材破坏	
8	热老化处理	外观	无起泡、裂纹、黏结和孔洞	
		拉力变化率(%)	±25	±20
		断裂伸长率变化率(%)		
		低温弯折性	-15 ℃无裂纹	-20 ℃无裂纹
9	耐化学侵蚀	拉力变化率(%)	±25	±20
		断裂伸长率变化率(%)		
		低温弯折性	-15 ℃无裂纹	-20 ℃无裂纹
10	人工气候加速老化	拉力变化率(%)	±25	±20
		断裂伸长率变化率(%)		
		低温弯折性	-15 ℃无裂纹	-20 ℃无裂纹

注:非外露使用可以不考核人工气候加速老化性能。

二、氯化聚乙烯防水卷材(GB 12953—2003)

(一)定义和产品分类

1. 定义

氯化聚乙烯防水卷材是以氯化聚乙烯(CPE)树脂为主要原料,加入多种化学助剂,经混炼、挤出成型和硫化等工序加工制成的防水卷材。

2. 产品分类

产品按有无复合层分为:无复合层的为 N 类,用纤维单面复合的为 L 类,织物内增强的为 W 类。

每类产品按理化性能分为Ⅰ型和Ⅱ型。

(二)技术指标

(1)CPE 防水卷材的外观质量、尺寸允许偏差技术指标如下:

①卷材的接头不多于一处,其中较短的一段长度不少于 1.5 m,接头应剪切整齐,并加长 150 mm。卷材表面应平整、边缘整齐,无裂纹、孔洞和黏结,不应有明显气泡、疤痕。

②长度、宽度不小于规定值的 99.5%。厚度偏差和最小单个值应符合表 11-15 的规定。

表 11-15 厚度偏差允许值

厚度	允许偏差	最小单个值
1.2	±0.10	1.00
1.5	±0.15	1.30
2.0	±0.20	1.70

(2)N 类 CPE 防水卷材的物理力学性能应符合表 11-16 的规定。

表 11-16 N 类 CPE 防水卷材的物理力学性能

序号	项目		Ⅰ型	Ⅱ型
1	拉伸强度(MPa),≥		5.0	8.0
2	断裂伸长率(%),≥		200	300
3	热处理尺寸变化率(%),≤		3.0	纵向 2.5 横向 1.5
4	低温弯折性		-20 ℃无裂纹	-25 ℃无裂纹
5	抗穿孔性		不渗水	
6	不透水性		不透水	
7	剪切状态下的黏合性(N/mm),≥		3.0 或卷材破坏	
8	热老化处理	外观	无起泡、裂纹、黏结与孔洞	
		拉伸强度变化率(%)	+50 -20	±20
		断裂伸长率变化率(%)	+50 -30	±20
		低温弯折性	-15 ℃无裂纹	-20 ℃无裂纹
9	耐化学侵蚀	拉伸强度变化率(%)	±30	±20
		断裂伸长率变化率(%)	±30	±20
		低温弯折性	-15 ℃无裂纹	-20 ℃无裂纹
10	人工气候加速老化	拉伸强度变化率(%)	+50 -20	±20
		断裂伸长率变化率(%)	+50 -30	±20
		低温弯折性	-15 ℃无裂纹	-20 ℃无裂纹

注:非外露使用可以不考核人工气候加速老化性能。

(3)L 类纤维单面复合及 W 类织物内增强卷材的物理力学性能应符合表 11-17 的规定。

表 11-17　L 类纤维单面复合及 W 类织物内增强卷材的物理力学性能

序号	项目		Ⅰ型	Ⅱ型
1	拉力(N/cm),≥		70	120
2	断裂伸长率(%),≥		125	250
3	热处理尺寸变化率(%),≤		1.0	
4	低温弯折性		-20 ℃无裂纹	-25 ℃无裂纹
5	抗穿孔性		不渗水	
6	不透水性		不透水	
7	剪切状态下的黏合性(N/mm),≥	L 类	3.0 或卷材破坏	
		W 类	6.0 或卷材破坏	
8	热老化处理	外观	无起泡、裂纹、黏结与孔洞	
		拉力(%),≥	55	100
		断裂伸长率(%),≥	100	200
		低温弯折性	-15 ℃无裂纹	-20 ℃无裂纹
9	耐化学侵蚀	拉力(%),≥	55	100
		断裂伸长率(%),≥	100	200
		低温弯折性	-15 ℃无裂纹	-20 ℃无裂纹
10	人工气候加速老化	拉力(%),≥	55	100
		断裂伸长率(%),≥	100	200
		低温弯折性	-15 ℃无裂纹	-20 ℃无裂纹

注:非外露使用可以不考核人工气候加速老化性能。

三、氯化聚乙烯—橡胶共混防水卷材(JC/T 684—1997)

(一)定义和产品分类

1. 定义

以氯化聚乙烯树脂和适量的丁苯橡胶为主要原料,加入多种化学助剂,经密炼、过滤、挤出成型和硫化等工序加工制成的防水卷材。

该类卷材属于橡塑共混类合成高分子防水卷材,兼具氯化聚乙烯优异的力学性能、耐老化性能和橡胶的高弹性。

2. 产品分类

产品按物理力学性能分为 S 型和 N 型。

(二)技术指标

(1)氯化聚乙烯—橡胶共混防水卷材的外观质量、尺寸偏差技术指标如下:

①卷材表面平整,边缘整齐。表面缺陷应不影响防水卷材使用,并符合表 11-18 的规定。

②尺寸偏差应符合表 11-19 的规定。

表 11-18　外观质量

项目	外观质量要求
折痕	每卷不超过 2 处,总长不大于 20 mm
杂质	不允许有粒径大于 0.5 mm 的颗粒
胶块	每卷不超过 6 处,每处面积不大于 4 mm^2
缺胶	每卷不超过 6 处,每处面积不大于 7 mm^2,深度不超过卷材厚度的 30%
接头	每卷不超过 1 处,短段不得少于 3 000 mm,并应加长 150 mm 备做搭接

表 11-19　尺寸偏差

厚度允许偏差(%)	宽度与长度允许偏差
+15 -10	不允许出现负值

(2)卷材的物理力学性能应符合表 11-20 的规定。

表 11-20　卷材的物理力学性能

序号	项目		指标	
			S 型	N 型
1	拉伸强度(MPa),≥		7.0	5.0
2	断裂伸长率(%),≥		400	250
3	直角形撕裂强度(kN/m),≥		24.5	20.0
4	不透水性,30 min		0.3 MPa 不透水	0.2 MPa 不透水
5	热老化保持率 ((80±2)℃,168 h)	拉伸强度(%),≥	80	
		断裂伸长率(%),≥	70	
6	脆性温度≤		-40 ℃	-20 ℃
7	臭氧老化 500 pphm,168 h×40 ℃,静态		伸长率 40% 无裂纹	伸长率 20% 无裂纹
8	黏结剥离强度 (卷材与卷材)	kN/m,≥	2.0	
		浸水 168 h,保持率(%),≥	70	
9	热处理尺寸变化率(%),≤		+1	+2
			-2	-4

第十二章　土工试验

地基土中各土层的工程性质，由土的物理性质、化学性质决定。而土的物理性质和化学性质是通过其物理性指标和化学性指标反应出来的。土工试验正是通过室内、室外两大试验方式，测定土的各项指标。本章土工试验主要介绍地基处理、基础施工及质检时常用的三种室内土试验，即含水率、密度、击实试验，并简单介绍了试验时试样的制备方法和要求。

第一节　土样和试样制备

一、目的

土工制备程序视所需要的试验而异，土样取得标准，试样制备合乎要求，就能达到试验的目的，取得翔实的试验资料，为地基的设计和施工提供可靠依据。

二、国标规定

根据中华人民共和国国家标准《土工试验方法标准》（GB 50123—1999）的规定：

（1）本试验方法适用于颗粒粒径小于 60 mm 的原状土和扰动土。

（2）试验所需土样的数量，宜符合表 12-1 的规定，并应附取土记录及土样现场描述。

表 12-1　试验取样数量和过筛标准

试验项目	黏性土		砂性土		过筛
	原状土（筒）ϕ 10×20 cm	扰动土（g）	原状土（筒）ϕ 10×20 cm	扰动土（g）	标准（mm）
含水率		>800		>500	
颗粒分析		>800		>500	
密度	1		1		
击实承载比		轻型>15 000 重型>30 000			<5.0

（3）原状土样应符合下列要求：①土样蜡封应严密，保管和运输过程中不得受震、受热、受冻。②土样取样过程中不得受压、受挤、受扭。③土样应充满取样筒。

（4）原状土样和需要保持天然湿度的扰动土样在试验前应妥善保管，并应采取防止水分蒸发的措施。

（5）试验后的余土应妥善贮存，并作标记。当无特殊要求时，余土的贮存期宜为 3 个月。

三、土样和试样制备的仪器设备

(1)细筛,孔径0.5 mm、2 mm。

(2)洗筛,孔径0.075 mm。

(3)台秤,称量10~15 kg,感量10 g。

(4)天平,称量1 000 g,感量0.59 g;称量200 g,感量0.01 g。

四、土样和试样的制备步骤

(一)原状土试样制备

(1)土样应按自然沉积方向放置,剥去蜡封和胶带,开启土样筒取出土样。

(2)根据试验要求用环刀切取试样时,应按环刀法测定土的密度试验中的取土方法进行,并取余土测定含水率。

注意:①切削试样时,应对土样层次、气味、颜色、杂质、裂缝和均匀性进行描述,对低塑性和高灵敏度的软土,制样时不得扰动。②一组试样之间的密度差值不得大于0.03 g/cm^3,含水率差值不得大于2%(含水率小于40%时不得大于1%、含水率大于40%时不大于2%)。

(二)扰动土试样制备

(1)扰动土试样的备样。

①对土样的颜色、气味、夹杂物和土类进行描述,并将土拌匀,取有代表性土样测定含水率。

②将风干的土样在橡皮板上用木碾碾碎,也可在碎土机内粉碎。

③对粉碎后的黏性土样和砂性土样,应按表12-1要求过筛。对含黏性土的砾质土,应先用水浸泡并充发搅拌,使粗、细颗粒分离后,将土样在2 mm筛上冲洗。取筛下土样风干后,充分拌匀,用四分取样法取出代表性土样,标明工程名称、土样编号、过筛孔径、试验名称和制备日期,分别装入盛土容器内,并测定风干土样的含水率。

④根据试验项目,称取过筛的风干土样,平铺于搪瓷盘内,按式(12-2)计算制备试样所需的加水量,将水均匀喷洒于土样上,充分拌匀后装入盛土容器内盖紧,浸湿一昼夜,砂性土的浸湿时间可酌减。

(2)制备试样时,根据环刀容积及所需的干密度和含水率,应按式(12-1)或式(12-2)计算干土质量和所加水量制备湿土样,并宜采用压样法和击样法。

①压样法:将一定量的湿土倒入装有环刀的压样器内,拂平土面,以静压力将土压入环刀内。

②击样法:将一定量的湿土分三层倒入装有环刀的击实器内,干土的质量,应按下式计算:

$$m_d = \frac{m_0}{1 + \omega_0} \tag{12-1}$$

式中 m_d——干土质量,g;

m_0——风干土(或天然土)质量,g;

ω_0——风干土(或天然土)含水率(%)。

制样所需的加水量,应按下式计算:

$$m_w = \frac{m_0}{1 + \omega_1} \tag{12-2}$$

式中　m_w——制样所需的加水量,g;

ω_1——试样要求的含水率(%)。

制备试样所需的土质量,应按下式计算:

$$m_0 = (1 + \omega_0)\rho_d V \tag{12-3}$$

式中　ρ_d——试样要求的干密度,g/cm^3;

V——环刀的容积,cm^3。

(3)取出环刀,称环刀加土的总质量。

注意:①试样的数量视试验项目确定,应有备用试样 1~2 个。②一组试样的密度与要求的密度之差不得大于 ±0.019 g/cm^3,含水率之差不得大于 ±1%。

第二节　含水率测定

一、试验目的

土中含水的质量与土粒质量之比,称为土的含水率,以百分数计,即

$$\omega = \frac{m_w}{m_s} \times 100\% \tag{12-4}$$

含水率是标志土的湿度的一个重要物理指标。天然土层的含水率变化范围较大,它与土的种类、埋藏条件及其所处的自然地理环境等有关,一般干的粗砂土,其值接近于零,而饱和砂土,可达 40%;坚硬的黏性土的含水率约小于 30%,而饱和状态的软黏性土(如淤泥等),则可达 60% 或更大。一般来说,同一类土,当其含水率增大时,则其强度就降低。

本试验目的在于测定土的含水率值,借与其他试验配合,从而计算土的干密度、孔隙比、饱和度等指标,并借以计算地基土的强度等。

二、国标规定

根据中华人民共和国国家标准《土工试验方法标准》(GB 50123—1999)的规定,对于黏性土、砂性土和有机质土类,均采用烘干法测定土的含水率,且土的含水率表示为:土样在 105~110 ℃下烘干到恒重时失去的水分质量与达到恒重后干土质量的比值,以百分数表示(恒重是指标准烘干温度下,1 h 间隔前后两次称重之差不大于 0.02 g)。

三、试验仪器设备

(1)烘箱,可采用电热烘箱或温度能保持在 105~110 ℃的其他能源烘箱,也可用红外线烘,称量为 200~500 g,感量 0.01 g。

(2)干燥器、称量盒,为简化计算手续,可将盒重定期(3~6 个月)调整为恒重。

四、试验步骤

(1)取具有代表性的土样,黏性土为 15~30 g,砂性土、有机质土约 50 g,放入称量盒内,

立即盖好盒盖，称重，所得质量为湿土与称量盒质量之和，因称量盒质量为已知质量，即可求得湿土质量。或在称重时，在天平加砝码一端放置与称量盒等重的砝码，称量结果即为湿土重。称重时精确至 0.01 g。

(2)打开盒盖，将盛放湿土的盒一并放入烘箱，在温度为 105 ~ 110 ℃的温度下烘干至恒重。烘干至恒重的时间因土的性质和质量不同而异，对黏性土 15 ~ 20 g 时，不得少于 8 h；对砂性土 15 ~ 50 g 时，不得少于 6 h；对有机质含量超过 5% 的土，应将温度控制在 65 ~ 70 ℃的恒温下烘干。

(3)将烘干后的试样和盒从烘箱中取出，盖好盒盖放入干燥器内冷却至室温，称出干土质量，精确至 0.01 g。

五、试验数据处理

试样的含水率应按下式计算，精确至 0.1%。

$$\omega_0 = \left(\frac{m_0}{m_d} - 1\right) \times 100\% \qquad (12\text{-}5)$$

式中 ω_0——土的含水率(%)；

m_0——湿土质量，g；

m_d——干土质量，g。

六、结果评定与记录

(1)本试验对需测定的土样应进行两次平行测定，两次测定的差值，当含水率小于 40% 时不得大于 1%；当含水率等于或大于 40% 时不得大于 2%。否则，试验重做。当满足以上要求时，取两次测值的算术平均值作为测定试样的含水率值。

(2)本试验记录格式如表 12-2 所示。

表 12-2 含水率试验

工程名称________　　　　试验者________

试验方法________　　　　计算者________

试验日期____年____月____日　　　　校核者________

土样编号	土样说明	盒号	盒质量(g)	盒+湿土质量(g)	盒+干土质量(g)	湿土质量(g)	干土质量(g)	含水率(%)	平均(%)

第三节 密度测定

一、目的

密度试验就是测定土的密度。

土的密度是指土的单位体积的质量，它是土的基本物理性质指标之一。土的密度反映了土体内部结构的疏松性，是计算土的自重应力、干密度、孔隙比、孔隙率及地基承载力等的重要依据。

二、国标规定

根据中华人民共和国国家标准《土工试验方法标准》(GB 50123—1999)规定：对一般黏性土采用环刀法；对土样易碎裂，难以切削，形状不规则的坚硬土，采用蜡封法；对砂和砾质土等粗粒土，在现场可用灌水法和灌砂法。下面分别介绍这几种方法。

三、试验方法

(一)环刀法

1. 试验仪器设备

(1)环刀，内径为(61.8 ±0.15)mm 或(79.8 ±0.15)mm，高度为(20 ±0.016)mm。

(2)天平，称量 500 g，感量 0.1 g；称量 200 g，感量 0.01 g。

(3)其他，切土刀，钢丝锯，玻璃片，凡士林，铁铲等。

2. 试验步骤

(1)取原状土或制备所需状态的击实土，铲去表层土，整平其上表面。

(2)用切土刀或钢丝锯将土样削成略大于环刀直径的土柱，然后将环刀内壁涂一薄层凡士林，刀口向下放在土样上。手按环刀边沿将环刀垂直下压。边压边削，至土样露出环刀口 5 ~ 10 mm。削去两端余土，修平。修平时，不得在试样表面往返压抹。取代表性土样测含水率。

(3)将环刀外壁擦净，称重。若在天平放砝码的一端放一等重环刀，可直接称出湿土重。为减少试验误差，提高测值的精确度，在试验操作中应注意：①用环刀切取试样时，环刀应垂直均匀下压。另外，手不要触及土样。②切取试样时，一般不应填补。如确需填补，填补部分不得超过环刀容积的 1% 。③取样后，为防止试样中水分的变化，宜用两块玻璃片盖住环刀上、下口称量，计算时扣除玻璃片的质量。

注：称量时记数精确至 0.01 g；若湿土重超过 500 g，记数准确至 0.1 g。

3. 试验数据处理

1)计算

试样的密度按下式计算：

$$\rho = \frac{m}{V} \tag{12-6}$$

式中 ρ——土的密度，又称土的湿密度，g/cm^3；

m——土的质量，g；

V——环刀的容积，cm^3。

试样的干密度按下式计算：

$$\rho_d = \frac{\rho}{1+\omega} \tag{12-7}$$

式中 ρ_d——土的干密度，g/cm^3；

ω——土的含水率(%)。

2)结果

计算结果取至0.01 g/cm³。

4.结果评定与记录

(1)环刀法密度试验应进行两次平行测定,两次测定的差值不得大于0.03 g/cm³。当满足上述要求时,取两次测值的算术平均值作为试样的密度值;当不满足上述要求时,须重新取样做试验。

(2)原状土不均匀时,平行测定可能超差,可在试验报告中说明。

(3)试验记录格式如表12-3所示。

表12-3 密度试验

(环刀法)

工程名称________________　　试验者________________

钻孔编号________________　　计算者________________

试验日期________________　　校核者________________

<table>
<tr><th>试样编号</th><th>土样类别</th><th>环刀编号</th><th>土质量 m(g)</th><th>环刀体积 V(cm³)</th><th>密度 ρ(g/cm³)</th><th>平均密度 $\bar{\rho}$(g/cm³)</th><th>含水率 ω(%)</th><th>干密度 ρ_d(g/cm³)</th><th>备注</th></tr>
<tr><td rowspan="2"></td><td rowspan="2"></td><td></td><td></td><td></td><td></td><td rowspan="2"></td><td rowspan="2"></td><td rowspan="2"></td><td rowspan="4"></td></tr>
<tr><td></td><td></td><td></td><td></td></tr>
<tr><td rowspan="2"></td><td rowspan="2"></td><td></td><td></td><td></td><td></td><td rowspan="2"></td><td rowspan="2"></td><td rowspan="2"></td></tr>
<tr><td></td><td></td><td></td><td></td></tr>
</table>

(二)蜡封法

1.试验仪器设备

(1)天平,称量200 g,感量0.01 g。

(2)石蜡及熔蜡加热器。

(3)其他,切土刀、烧杯、细线、针、温度计等。

2.试验步骤

(1)取约30 cm³具有代表性的试样一块,削去松浮表土及尖锐棱角,用细线系牢,称试样质量(m)。另取代表性试样测定含水率。

(2)持细线将试样缓缓浸入刚过熔点(温度50~60 ℃)的蜡液中,浸没后立即提出。检查试样周围的蜡膜中有无气泡存在;若有,应用热针刺破,再用蜡液补平。冷却后称蜡封试样的质量(m_1)。

(3)将蜡封试样挂在天平的一端,浸没于盛有纯水(蒸馏水)的烧杯中,测定蜡封试样在纯水中的质量(m_2);同时测定纯水的温度(T)(见图12-1)。

(4)取出试样,擦干蜡表面的水分,称蜡封试样的质量(m_1)。当浸水后蜡封试样的质量增加时,说明试样中有水浸入,应另取试样重做试验。

为提高试验的准确度,在试验操作中应注意:①土样封蜡时,勿使蜡进入土体孔隙内部。②称蜡封试样在纯水中的质量时,勿使试样与烧杯壁或烧杯底接触。

注:称量时记数准确至0.01 g。

3. 试验数据处理

1) 计算

试样的密度应按下式计算：

$$\rho = \frac{m}{\dfrac{m_1 - m_2}{\rho_{wt}} - \dfrac{m_1 - m}{\rho_n}} \tag{12-8}$$

式中 ρ——土的密度，g/cm³；

m——土的质量，g；

m_1——蜡封试样的质量，g；

m_2——蜡封试样在纯水中的质量，g；

ρ_{wt}——纯水在 T ℃时的密度，g/cm³；

ρ_n——蜡的密度，g/cm³。

试样的干密度可按式(12-7)计算。

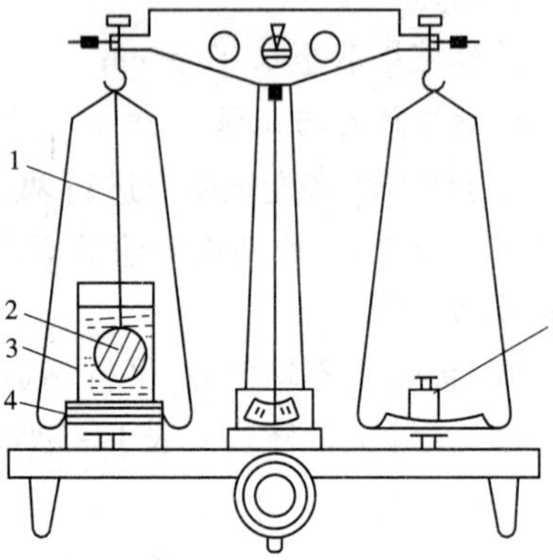

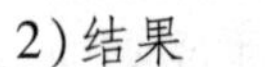

1—细线；2—封蜡试样；3—烧杯；4—烧杯座架；5—砝码

图 12-1 蜡封法

2) 结果

计算结果取至 0.01 g/cm³。

4. 结果评定与记录

(1) 蜡封法密度试验应进行两次平行测定，两次测定的差值不得大于 0.03 g/cm³。当满足以上要求时，取两次测值的算术平均值作为试样的密度值；当不满足上述要求时，须重新取样做试验。

(2) 原状土不均匀时，平行测定可能超差，可在试验报告中说明。

(3) 试验记录格式如表 12-4 所示。

表 12-4 密度试验

(蜡封法)

工程名称________________ 试验者________________

钻孔编号________________ 计算者________________

试验日期________________ 校核者________________

试样编号	土样类别	土重 m (g)	土＋蜡 m_1 (g)	土＋蜡浮重 m_2(g)	温度 T (℃)	水密度 ρ_{wt} (g/cm³)	蜡密度 ρ_n (g/cm³)	密度 ρ (g/cm³)	平均密度 $\bar{\rho}$ (g/cm³)	含水率 ω (%)	干密度 ρ_d (g/cm³)
备注											

(三)灌水法

1. 试验仪器设备

(1)台秤,称量 50 kg,感量 10 g。

(2)储水桶,直径应均匀,并附有刻度。

(3)塑料薄膜袋,以质软而韧性大的聚氯乙烯薄膜为好。

(4)盛土容器,带盖且密封良好。

(5)铲、十字镐及铁钎等。

(6)其他,钢卷尺、水桶、皮管等。

2. 试验步骤

(1)根据试样最大粒径宜按表 12-5 确定试坑尺寸。

表 12-5 试坑尺寸

试样最大粒径(mm)	试坑尺寸(mm)	
	直径	深度
5~20	150	200
40	200	250
60	250	300

(2)将选好的试坑地面整平,除去表层草皮及耕植土或人工堆积物。铲平的尺寸需大于试坑尺寸 20~30 cm。

(3)按确定的试坑直径画出坑口轮廓线,在轮廓线内下挖至要求深度,将落于坑内的试样装入盛土容器内,称试样质量,并取代表性土样测含水率。

(4)试坑挖好后,将事先检查好的且大于试坑容积的塑料薄膜袋平铺于坑内,把袋面四周紧压坑口至整平的地面上,布置见图 12-2。

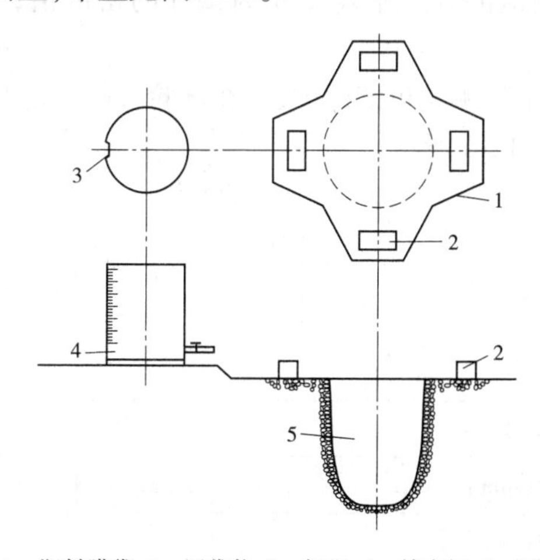

1—塑料膜袋;2—压袋物;3—标尺;4—储水桶;5—试坑

图 12-2 灌水法密度试验装置

(5)记录储水桶内初始水位高度,打开储水桶的注水管开关,将水徐徐注入放置试坑中的塑料薄膜袋内。当袋中水面接近坑口时,将水流调小,直至袋内水面与坑口齐平时关闭注水管，持续3 ~5 min，记录储水桶内水位高度。当袋内出现水面下降时，应另取塑料薄膜袋重做试验。

为提高试验的准确度及成功率，在试验操作中应注意：①向薄膜袋中注水时，不要使水冲击塑料薄膜袋。②记录储水桶内水位时，读数、记录一定要准确。

注：称量时记数精确至5 g；记录水位时精确至毫米。

3. 试验数据处理

1）计算

试坑的体积应按下式计算：

$$V_{\rho} = (H_1 - H_2)A_w \tag{12-9}$$

式中 V_{ρ}——试坑的体积，cm^3；

H_1——储水桶内初始水位高度，cm；

H_2——储水桶内注水终了时水位高度，cm；

A_w——储水桶断面面积，cm^2。

试样的密度应按下式计算：

$$\rho = \frac{m_{\rho}}{V_{\rho}} \tag{12-10}$$

式中 ρ——土的密度，g/cm^3；

m_{ρ}——取自试坑内的试样质量，g。

试样的干密度可按式(12-7)计算。

2）结果

计算结果取至0.01 g/cm^3。

4. 结果评定与记录

（1）灌水法密度试验应进行两次平行测定，两次测定的差值不得大于0.03 g/cm^3。当满足以上要求时，取两次测值的算术平均值作为试样的密度值；当不满足要求时，须重做试验。

（2）原状土不均匀时，平行测定可能超差，可在试验报告中说明。

（3）试验记录格式如表12-6所示。

表12-6 密度试验

（灌水法）

工程名称________________ 试验者________________

钻孔编号________________ 计算者________________

试验日期________________ 校核者________________

试坑编号						
试坑尺寸(mm)						
试样最大粒径(mm)						
盛土器质量	m_1	g				
土加容器总量	m_2	g				
土重	$m_p = m_2 - m_1$	g				

续表 12-6

储水桶断面面积	A_w	cm^2				
储水桶初始水位	H_1	cm				
储水桶终了水位	H_2	cm				
试坑容积	$V_p=(H_1-H_2)A$	cm^3				
密度	ρ	g/cm^3				
平均密度	$\bar{\rho}$	g/cm^3				
含水率	ω	%				
干密度	ρ_d	g/cm^3				
备注						

(四)灌砂法

1. 试验仪器设备

(1)天平,称量 10 kg,感量 5 g;称量 500 g,感量 0.1 g。

(2)密度测定器,由容砂瓶、灌砂漏斗和底盘组成(见图 12-3)。灌砂漏斗高 135 mm,直径不大于 165 mm,容砂瓶容积为 4 L。容砂瓶与灌砂漏斗之间用螺纹联接。灌砂漏斗尾部有圆柱形阀门,孔径为 13 mm,底盘承托灌砂漏斗和容砂瓶。

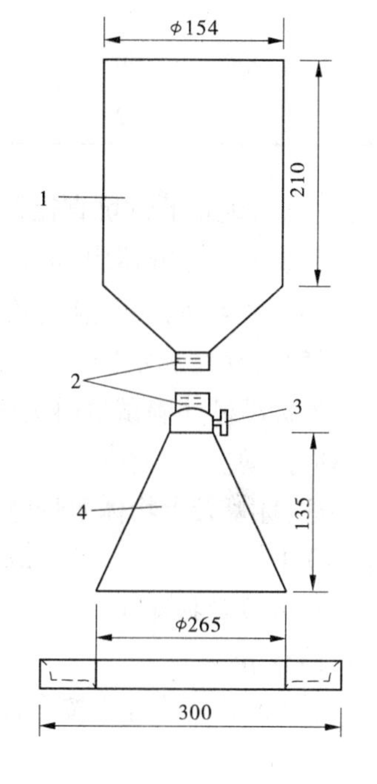

1—容砂瓶;2—螺纹接头;3—阀门;4—灌砂漏斗

图 12-3　密度测定器

(3)盛砂容器,带盖且密封良好。

(4)铲、十字镐、钢卷尺等。

2. 试验步骤

1)标准砂密度的测定

(1)标准砂(10 ~ 40 kg)应清洗洁净,粒径宜为 0.25 ~ 0.50 mm,密度宜为 1.47 ~ 1.61 g/cm^3。

(2)组装容砂瓶与灌砂漏斗,螺纹联接处应旋紧。称密度测定器的质量(m_1)。

(3)将密度测定器竖立,灌砂漏斗口向上,打开阀门,向容砂瓶内注水至水面高出阀门,关阀门,倒掉多余水。称密度测定器和水的总质量(m_2),并测定水温。应按表 12-7,将水的质量换算成体积,重复测定 3 次,3 次测值之间的差值不得大于 3 mL,满足要求后取三次测值的算术平均值。

(4)将空的密度测定器竖立,关闭阀门,在灌砂漏斗中注满标准砂,打开阀门将灌砂漏斗内的标准砂漏入容砂瓶,继续向灌砂漏斗内注砂;当注满容砂瓶时迅速关闭阀门。倒掉多余的砂,称密度测定器和标准砂的总质量(m_3)。试验中应避免振动。

2)试样密度的测定

(1)根据试样的最大粒径,宜按表 12-5 确定试坑的尺寸。

(2)将选定的试坑地面整平,铲去表层非代表性土层。

表 12-7　不同水温时每克水的体积

水温(℃)	每克水体积(mL)
12	1.000 48
14	1.000 73
16	1.001 03
18	1.001 38
20	1.001 77
22	1.002 21
24	1.002 68
26	1.003 20
28	1.003 75
30	1.004 35
32	1.004 97

(3)按确定的试坑直径划出坑口轮廓线,在轮廓线内下挖至要求深度,将落于坑内的试样全部装入盛土容器内,称容器质量(m_4);并取代表性土测定含水率。

(4)将容砂瓶内注满标准砂,称密度测定器和砂的总质量(m_5)。

(5)将密度测定器倒置(容砂瓶向上)于挖好的试坑口上,打开阀门,把标准砂注入试坑内。当标准砂注满试坑时关闭阀门,称密度测定器和余砂的总质量(m_6)。注意在注砂过程中不应振动。

注:称量较大物体质量时,记数精确至 10 g;称量较小(小于 500 g)物体质量时,记数精确至 0.1 g。

3. 试验数据处理

1)计算。

(1)容砂瓶的容积按下式计算:

$$V_r = (m_2 - m_1)V_w \tag{12-11}$$

式中　V_r——容砂瓶的容积,mL;

m_2——密度测定器和水的总质量,g;

m_1——密度测定器质量,g;

V_w——不同水温时每克水的体积,mL/ g。

(2)标准砂的密度按下式计算:

$$P_s = \frac{m_3 - m_1}{V_r} \tag{12-12}$$

式中　P_s——标准砂的密度,g/cm^3;

m_3——密度测定器和标准砂的总质量,g。

(3)试样的密度按下式计算:

$$\rho = \frac{m}{m_5/P_s} \tag{12-13}$$

$$m_s = m_5 - m_6$$

式中 ρ——试样的密度,g/cm³;

m——从试坑中挖出的砂的总质量,g;

m_s——注满试坑所用标准砂质量,g;

m_5——密度测定器和砂的总质量,g;

m_6——密度测定器和余砂的总质量,g。

(4)试样的干密度按下式计算:

$$\rho_d = \frac{m/(1+\omega_1)}{m_s/P_s} \tag{12-14}$$

2)结果

计算结果取至 0.01 g/cm³。

4. 结果评定与记录

(1)灌砂法密度试验应进行两次平行测定,两次测定的差值不得大于 0.03 g/cm³。满足要求后,取两次测值的算术平均值作为试样的密度值;否则,须重做试验。

(2)试验记录格式如表 12-8、表 12-9 所示。

表 12-8 密度试验

(灌砂法)

工程名称________ 试验者________

土样类别________ 计算者________

试验日期________ 校核者________

标准砂密度

标准砂粒径(mm)					
标准砂密度(g/cm³)					
密度测定器质量	m_1	g			
(密度测定器+水)的质量	m_2	g			
(密度测定器+标准砂)的质量	m_3	g			
水温	T	℃			
不同水温时每克水的体积	V_w	mL/g			
容砂瓶容积	$V_r=(m_2-m_1)V_w$	mL			
平均容砂瓶容积	$\bar{V}_r$	mL			
标准砂密度	$\rho_s=\frac{m_3-m_1}{V_r}$	g/cm³			
备注					

表 12-9 试样密度

试坑编号				
试样最大粒径(mm)				
试坑尺寸(mm)				
盛土容器质量	m_0	g		
(土+容器)的质量	m_4	g		
试坑中土的质量	$m = m_4 - m_0$	g		
(密度测定器+标准砂)总质量	m_5	g		
(密度测定器+余砂)的质量	m_6	g		
注满试坑用标准砂质量	$m_s = m_5 - m_6$	g		
试坑的容积	$V = m_s / P_s$	cm^3		
试样密度	$P = m/V$	g/cm^3		
含水率	ω	%		
试样干密度	ρ_d	g/cm^3		
备注				

第四节 击实试验

一、试验目的

本试验的目的,是用标准试验的击实方法,测定土的含水率与密度的关系,从而确定该土的最优含水率以及相应的最大干密度或最大密实度。

二、国标规定

根据中华人民共和国国家标准《土工试验方法标准》(GB 50123—1999)的规定:击实试验分为轻型击实试验方法和重型击实试验方法。轻型击实试验适用于粒径小于 5 mm 的黏性土。重型击实试验适用于粒径不大于 40 mm 的土。轻型击实试验的单位体积击实功约为 592.2 kJ/m^3,重型击实试验的单位体积击实功约为 2 684.9 kJ/m^3。

三、试验仪器设备

(1)击实仪,由击实筒和击实锤组成(见图 12-4)。

①击实筒,即为金属制成的圆柱形筒。轻型击实筒内径为 102 mm,筒高为 116 mm;重型击实筒内径为 152 mm,筒高为 116 mm。击实筒配有护筒和底板,护筒高度不小于

50 mm。

②击锤。锤底直径为 51 mm，轻型击锤质量为 2.5 kg，落距为 305 mm；重型击锤质量为 4.5 kg，落距为 457 mm。击锤应配有导筒；锤与导筒之间应有足够的间隙，使锤能自由落下。击锤分人工操作和机械操作两种。电动击锤应配跟踪装置控制落距，锤击点应按一定角度均匀分布。

(2)推土器，螺旋式的千斤顶。

(3)天平，称量 200 g，感量 0.01 g。

(4)台秤，称量 10 kg，感量 5 g。

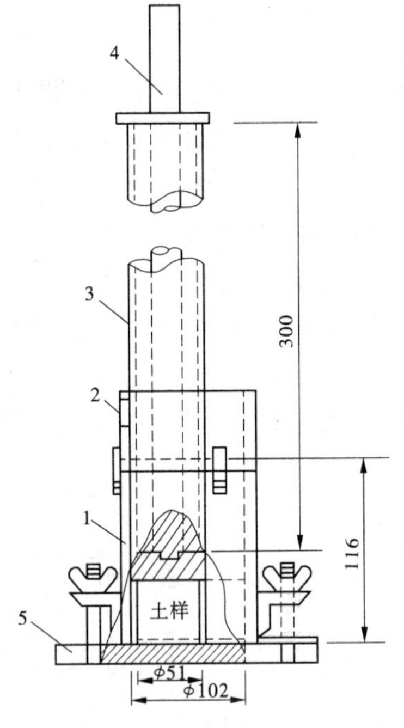

1—击实筒；2—护筒；
3—导筒；4—击锤；5—底板

图 12-4 击实仪

四、试验步骤

(1)试样制备。击实试验的试样制备分为干法和湿法两种，并应符合下列规定：

①干法应按下列步骤进行：取代表性土样 20 kg，风干碾碎，过 5 mm 的筛，将筛下土样拌匀，并测定土样的风干含水率。根据土的塑限预估最优含水率(试验证明，土的最优含水率 ω_{OP} 约与土的塑限 ω_P 相近，大致为 $\omega_{OP}=\omega_P+2$)。选择 5 个含水率并按本章第一节表 12-1 制备一组试样。相邻两个含水率的差值宜为 2%。

注：5 个含水率中 2 个大于塑限含水率，2 个小于塑限含水率，1 个接近塑限含水率。

②湿法应按下列步骤进行，将天然含水率的土样碾碎，过 5 mm 的筛，将筛下土样拌匀，并测定土样的天然含水率。根据土的塑限预估最优含水率，选择 5 个含水率，视其大于或小于天然含水率，分别将土样风干或加水制备一组试样，制备的试样水分应均匀分布。

(2)将击实筒固定在刚性底板上，装好护筒，在击实筒内壁涂一薄层润滑油，称试样 2 ~ 5 kg，倒入击实筒内。轻型击实分三层击实，每层 25 击；重型击实分五层击实，每层 56 击。每层试样高度宜相等，二层交界处的土层应刨毛。击实后，超出击实筒顶的试样高度应小于 6 mm。

(3)拆去护筒，用削土刀修平击实筒顶部的试样，拆除底板，试样底部若超出筒外，也应修平，按净筒外壁，称筒和试样的总质量，精确至 1 g，并计算试样的湿密度。

(4)用推土器将试样从筒中推出，取两块代表性试样按含水率测定方法测定其含水率，两个含水率的平行差值不得大于 1%。

(5)对另外不同含水率的试样分别依次进行击实试验。

五、试验数据处理

(1)通过以上试验步骤的操作，可分别得出不同试样的密度和对应的含水率。按下式计算试样的干密度：

$$\rho_d = \frac{\rho_0}{1 + \omega_1} \tag{12-15}$$

式中 ρ_d——试样干密度，g/cm³；

ρ_0——试样湿密度，g/cm³；

ω_1——与试样湿密度对应的试样含水率。

计算结果取至 0.01 g/cm³。

(2)依据不同试样的干密度及与之对应的含水率，在直角坐标纸上绘制干密度和含水率的关系曲线(见图 12-5)，并应取曲线峰值点相应的纵坐标为击实试样的最大干密度，相应的横坐标为击实试样的最优含水率。当关系曲线不能绘出峰值点时，应进行补点，土样不宜重复使用，补点数据由另取样测试得。

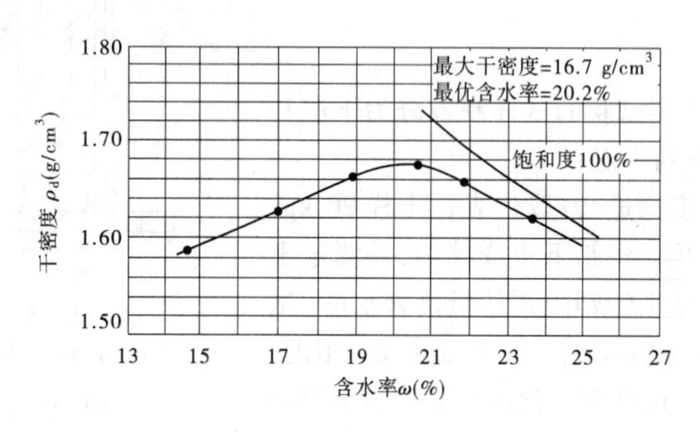

图 12-5 $\rho_d \sim \omega$ 关系曲线

六、结果评定与记录

(1)当试样中粒径大于 5 mm 的土质量小于或等于试样总质量的 30% 时，应对最大干密度和最优含水率进行校正。

①对最大干密度，应按下式进行校正：

$$\rho_{d'\max} = \frac{1}{\dfrac{1 - P_5}{\rho_{d\max}} + \dfrac{\rho_5}{\rho_w G_{S2}}} \tag{12-16}$$

式中 $\rho_{d'\max}$——校正后试样的最大干密度，g/cm³；

P_5——粒径大于 5 mm 土的质量百分数(%)；

G_{S2}——粒径大于 5 mm 土粒的饱和面干比重；

ρ_w——水的密度，g/cm³；

$\rho_{d\max}$——粒径小于 5 mm 的土样试验所得的最大干密度，g/cm³。

计算结果取至 0.01 g/cm³。

②对最优含水率，应按下式进行校正，精确至 0.1%。

$$\omega'_{opt} = \omega_{opt}(1 - P_5) + P_5\omega_{ab} \tag{12-17}$$

式中 ω'_{opt}——校正后试样的最优含水率(%)；

ω_{opt}——击实试验得的土样最优含水率(%)；

ω_{ab}——粒径大于 5 mm 土粒的吸着含水率(%)。

(2)试样的饱和含水率应按下式计算,精确至0.1%。

$$\omega_{sat} = \left(\frac{\rho_w}{\rho_d} - \frac{1}{G_s}\right) \times 100\% \qquad (12\text{-}18)$$

式中　ω_{sat}——饱和含水率(%);

G_s——土试样的比重。

计算结果取至0.1%。

(3)依据不同试样的饱和含水率和相应的干密度,以干密度为纵坐标,饱和含水率为横坐标,绘制饱和曲线图(见图12-5)。

第十三章　建筑节能检测

第一节　建筑节能材料检测——EPS/XPS板材检测方法

一、线性尺寸的测定

线性尺寸是指泡沫材料试样的两待定点、两平行线或两个平行面由角、边或面确定的最短距离。

(一)仪器设备

(1)测微计:测量面积约为10 cm^2,测量压力为(100±10)Pa,读数精度为0.05 mm。

(2)千分尺:测量面最小直径为5 mm,但在任何情况下不得小于泡孔平均直径的5倍,允许读数精度为0.05 mm。千分尺仅适用于硬质泡沫材料。

(3)游标卡尺:允许读数精度为0.1 mm。

(4)金属直尺与金属卷尺:允许读数精度为0.5 mm。

(二)量具的选择

按照被测尺寸相应的精度选择量具,见表13-1。

表13-1　量具选择

尺寸范围	精度要求	推荐量具		读数的中值精确度
		一般用法	若试样形状许可	
<10	0.05	测微计或千分尺	—	0.1
10~100	0.1	游标卡尺	千分尺或测微计	0.2
>100	0.5	金属直尺与金属卷尺	游标卡尺	1

(三)测量的位置和次数

测量的位置取决于试样的形状和尺寸,但至少为5点。为了得到一个可靠的平均值,测量点尽可能分散些。

取每一点上3个读数的中值,并用5个或5个以上的中值计算平均值。

二、表观密度的测定

(一)仪器设备

天平:称量精度为0.1%。

（二）**试样要求**

1. 尺寸

试样的形状应便于体积计算。切割时，应不改变其原始泡孔结构。

试样总体积至少为 100 cm^3，在仪器允许及保持原始状态不变的条件下，尺寸尽可能大。

2. 数量

至少测试 5 个试样。

3. 状态调节

（1）测试样品材料生产后，应至少放置 72 h，才能进行制样。

（2）样品应在标准环境或干燥环境（干燥器）下至少放置 16 h，这段状态调节时间可以是在材料制成后放置 72 h 中的一部分。

标准环境条件：温度（23 ± 2）℃，湿度（50 ± 10）%；温度（23 ± 5）℃，湿度（50^{+20}_{-10}）%；温度（27 ± 5）℃，湿度（65^{+20}_{-10}）%；

干燥环境：（23 ± 2）℃或（27 ± 2）℃。

（三）**试验步骤**

（1）按规定测量试样尺寸，单位为毫米（mm）。每个尺寸至少测量 3 个位置，对于板状的硬质材料，在中部每个尺寸测量 5 个位置。分别计算每个尺寸的平均值，并计算试样体积。

（2）称量试样，精确到 0.5%，单位为克（g）。

（四）**结果计算**

1. 表观密度计算

表观密度按式（13-1）计算，取其平均值，精确至 0.1 kg/m^3：

$$\rho = \frac{m}{V} \times 10^6 \tag{13-1}$$

式中 ρ——表观密度（表观总密度或表观芯密度），kg/m^3；

m——试样的质量，g；

V——试样的体积，mm^3。

对于一些低密度闭孔材料（如密度小于 15 kg/m^3 的材料），空气浮力可能会导致测量结果产生误差，在这种情况下表观密度应用式（13-2）计算：

$$\rho_a = \frac{m + m_a}{V} \times 10^6 \tag{13-2}$$

式中 ρ_a——表观密度（表观总密度或表观芯密度），kg/m^3；

m——试样的质量，g；

m_a——排出空气的质量，g；

V——试样的体积，mm^3。

注：m_a 指在常压和一定温度时的空气密度（g/mm^3）乘以试样体积（mm^3）。当温度为 23 ℃，大气压为 101 325 Pa（76 mm 汞柱）时，空气密度为 1.220×10^{-6} g/mm^3；当温度为 27 ℃，大气压为 101 325 Pa（76 mm 汞柱）时，空气密度为 $1.195\ 5 \times 10^{-6}$ g/mm^3。

2. 标准偏差估计值

标准偏差估计值按式（13-3）计算，取 2 位有效数字：

$$S = \sqrt{\frac{\sum x^2 - n\bar{x}^2}{n - 1}} \tag{13-3}$$

式中 S ——标准偏差估计值；

x ——单个测试值；

$\bar{x}$ ——一组试样的算术平均值；

n ——测定个数。

（五）试验报告

试验报告内容包括：

(1)采用标准的编号。

(2)试验材料的完整的标识。

(3)状态调节的温度和相对湿度。

(4)试样是否有表皮和表皮是否被除去。

(5)有无僵块、条纹及其他缺陷。

(6)各次试验结果，详述试样情况（形状、尺寸和取样位置）。

(7)表观密度（表观总密度或表观芯密度）的平均值和标准偏差估计值。

(8)是否对空气浮力进行补偿，如果已补偿，给出修正量，试验时的环境温度、相对湿度及大气压。

(9)任何与标准规定步骤不符之处。

三、导热系数的测定

保温材料的导热系数是反映材料导热性能的物理量。导热系数不仅是评价材料热力学特性的依据，并且是材料在工程应用时的重要设计依据。目前，测定材料导热系数的方法一般分两类，即稳态法和非稳态法。稳态法包括防护热板法、热量计法、圆管法和圆球法，非稳态法包括准稳态法、热线法、热带法、常功率热源法和其他方法。

（一）防护热板法

1. 装置原理

防护热板装置的原理是：在稳态条件下，在具有平行表面的均匀板状试件内，建立类似于以两个平行的温度均匀的平面为界的无限大平板中存在的一维的均匀热流密度。

2. 装置类型

根据原理可建造两种形式的防护热板装置：双试件式（和一个中间加热单元）和单试件式。双试件装置：双试件式装置中，由两个几乎相同的试件中夹一个加热单元，加热单元由一个圆形或方形的中间加热器和两块金属面板组成。热流量由加热单元分别经两侧试件传给两侧冷却单元（圆形或方形的、均温的平板组件，见图13-1(a)）。单试件装置：单试件装置中，加热单元的一侧用绝热材料和被防护单元代替试件和冷却单元（见图13-1(b)）。绝热材料的两表面应控制温差为零。

3. 导热系数计算

导热系数按式(13-4)计算：

$$\lambda = \frac{\Phi d}{A(T_1 - T_2)} \tag{13-4}$$

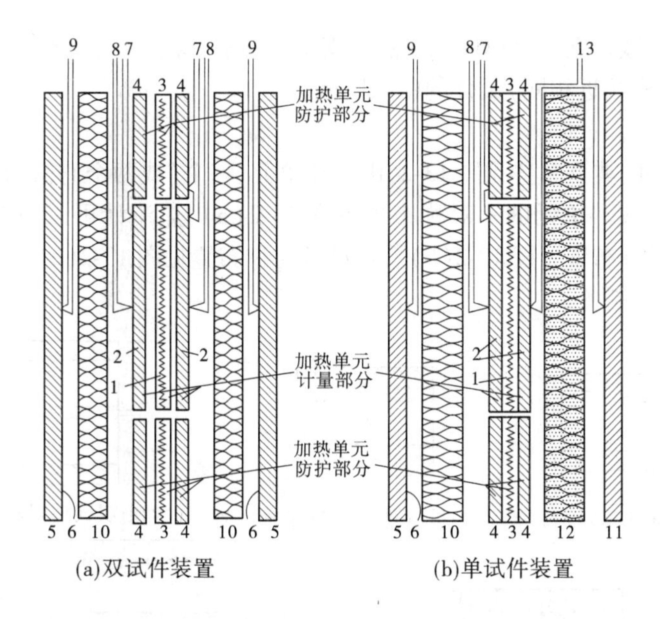

(a)双试件装置　　(b)单试件装置

1—计量加热器;2—计量面板;3—防护加热器;4—防护面板;5—冷却单元;
6—冷却单元面板;7—温差热电偶;8—加热单元表面热电偶;9—冷却单元表面热电偶;
10—试件;11—被防护加热器;12—被防护绝热层;13—被防护单元温差热电偶

图 13-1　双试件和单试件防护热板装置

式中　λ ——导热系数,W/(m·K);

Φ ——加热单元计量部分的平均加热功率,W;

d ——试件平均厚度,m;

T_1 ——试件热面温度平均值,K;

T_2 ——试件冷面温度平均值,K;

A ——计量面积,m^2。

4. 试验报告

试验报告包括以下内容:

(1)材料的名称、标志及制造商提供的物理描述。

(2)试件的制备过程和方法。

(3)试件的厚度。

(4)状态调节的方法和温度。

(5)调节后材料的密度。

(6)测定时试件的平均温差及确定温差的方法。

(7)测定时的平均温度及环境温度。

(8)试件的导热系数。

(9)测试日期。

(二)热量计法

1. 原理

当热板和冷板在恒定温度及恒定温差的稳定状态下时,热量计装置在热流计中心测量区域和试件中心区域建立一个单向稳定热流密度,该热流穿过一个(或两个)热量计的测量区域及一个(或两个接近相同)试件的中间区域。

2. 装置

热量计与试件的典型布置见图 13-2,由加热单元、一个(或两个)热流计、一块(或两块)试件和冷却单元组成。单元的不对称布置见图 13-2(a),热流计可以面对任一单元放置。单试件双热流计对称布置见图 13-2(b)。双试件对称布置见图 13-2(c),其中两块试件应基本相同,由同一样品制备。

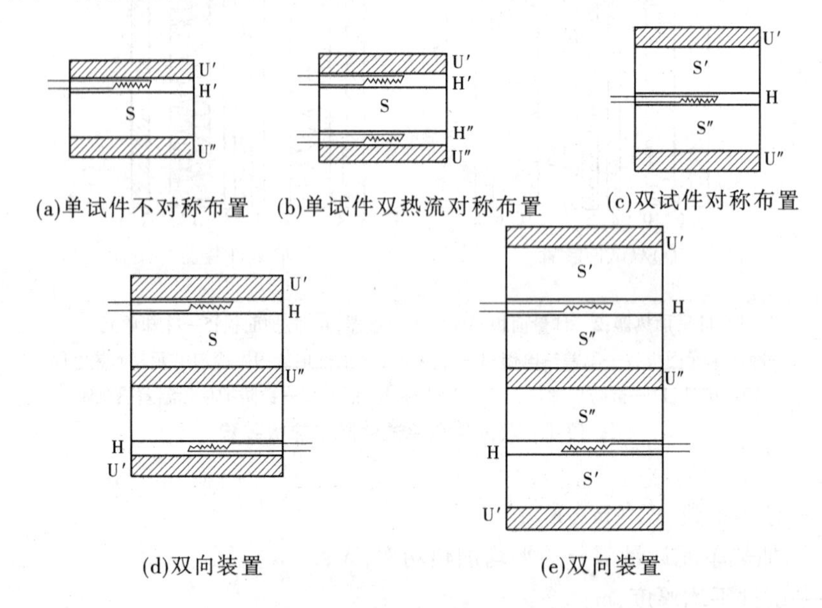

U′、U″—冷却和加热单元;H、H′、H″—热流计;S、S′、S″—试件

图 13-2　热流计装置的典型布置

3. 导热系数计算

单试件装置,按以下方式计算。

(1)不对称布置:

$$\lambda = fe \times \frac{d}{\Delta T} \tag{13-5}$$

式中　f——热流计的标定系数,W/(m^2·V);

e——热流计的输出,V;

d——试件的平均厚度,m;

ΔT——试件的冷面和热面温度差,K 或℃。

(2)双热流计对称布置:

$$\lambda = 0.5(f_1e_1 + f_2e_2) \times \frac{d}{\Delta T} \tag{13-6}$$

式中　f_1、f_2——第一个、第二个热流计的标定系数,W/(m^2·V);

e_1、e_2——第一个、第二个热流计的输出,V。

双单试件装置,平均导热系数按式(13-7)计算:

$$\lambda_{avg} = \frac{fe}{2}(\frac{d_1}{\Delta T_1} + \frac{d_2}{\Delta T_2}) \quad (13\text{-}7)$$

式中 d_1、d_2——第一块、第二块试件的平均厚度，m；

ΔT_1、ΔT_2——第一块、第二块试件的冷面和热面温度差，K 或℃；

其余符号意义同前。

4. 试验报告

试验报告包括以下内容：

(1)材料的名称、标志及制造商提供的物理描述。

(2)试件的制备过程和方法。

(3)试件的厚度。

(4)状态调节的方法和温度。

(5)调节后材料的密度。

(6)测定时试件的平均温差及确定温差的方法。

(7)测定时的平均温度。

(8)试件的导热系数。

(9)所用热流计的类型、数量和位置。

(10)测试日期。

第二节　钢丝网架水泥聚苯乙烯夹心板

一、焊点抗拉力检测

(一)试样数量

在网上任选 5 点。

(二)试验步骤

按图 13-14 进行拉力试验。

(三)试验结果

取其平均值。

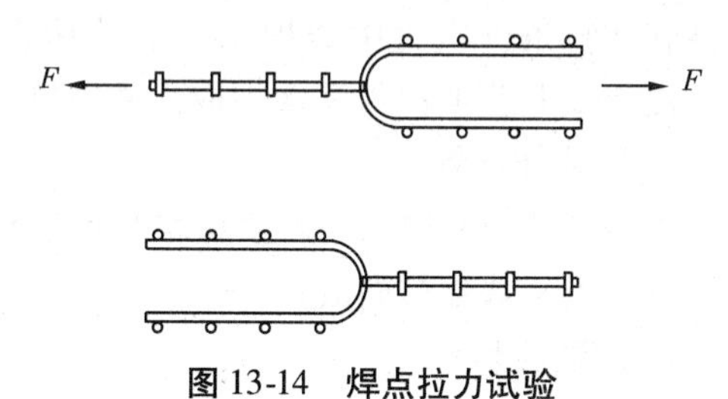

图 13-14　焊点拉力试验

二、热阻值或传热系数的测定

热阻值或传热系数的测定按《绝热稳态传热性质的测定标定和防护热箱法》(GB/T 13475—2008)进行。

三、抗冲击性能测定

(一)工具

10 kg 砂袋一个。

(二)试验步骤

(1)钢丝网架水泥聚苯乙烯夹心板(标准板长度为 2.5 m)水平搁置，支点距离 2.4 m。

(2)砂袋悬挂在板跨中部上方距试验板面 1 m。

(3)将 10 kg 砂袋自由落下,撞击板面 100 次。

(三)结果评定

标准板长度为 2.5 m,承受 10 kg 砂袋自由高度 1.0 m 的冲击大于 100 次不断裂。

第三节　胶粘剂检测方法

一、拉伸黏结强度——方法一

(一)标准试验条件

标准试验条件:环境温度(23 ± 2)℃,相对湿度(50 ± 5)%,试验区风速小于 0.2 m/s。

(二)试样制备

(1)按《水泥胶砂强度检验方法》(GB/T 17671—1999)的规定,用普通硅酸盐水泥与中砂按 1:3(质量比),水灰比 0.5 制作水泥砂浆试块,养护 28 d 后备用。

(2)用表观密度为 18 kg/m^3 的按规定经过陈化后合格的膨胀聚苯板作为试验用标准板,切割成试验所需尺寸。膨胀聚苯板厚度为 20 mm。

(3)按产品说明书制备胶粘剂后黏结试件,黏结厚度为 3 mm,面积为 40 mm × 40 mm。分别准备测原强度和耐水强度拉伸黏结强度的试件各 1 组,黏结后在试验条件下养护。试样尺寸见图 13-15。

(4)养护环境,按《陶瓷墙地砖粘结剂》(JC/T 547—2005)的规定:

①原强度:试件在试验条件空气中养护 14 d。

②耐水:F 级(较快具有耐水性的产品)试件在试验条件空气中养护 7 d,S 级(较慢具有耐水性的产品)试件在试验条件空气中养护 14 d。然后在试验条件水中浸泡 2 d,到期试件从水中取出并擦拭表面水分。

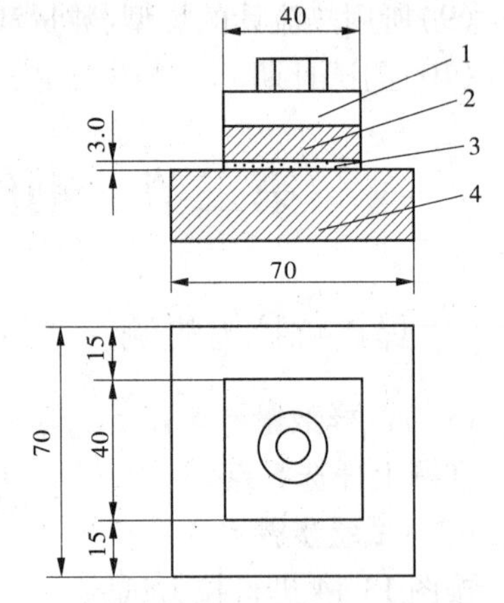

1—拉伸用钢质夹具;2—水泥砂浆块;
3—胶粘剂;4—膨胀聚苯板或砂浆块

图 13-15　拉伸黏结强度试样尺寸示意图

(三)试样数量

每组试件由 6 块水泥砂浆试块和 6 个水泥砂浆或膨胀聚苯板试块黏结而成。

(四)试验步骤

养护期满后进行拉伸黏结强度测定,拉伸速度为(5 ± 1)mm/min。

记录每个试样的测试结果及破坏界面,并取 4 个中间值计算算术平均值。

二、拉伸黏结强度——方法二

(一)试样制备

(1)水泥砂浆底板尺寸为 80 mm × 40 mm × 40 mm,底板的抗拉强度应不小于 1.5 MPa。

(2)EPS 板密度应为 18 ~ 22 kg/m^3,抗拉强度应不小于 0.1 MPa。

(3)水泥砂浆黏结。在水泥砂浆底板中部涂胶粘剂,尺寸为 40 mm × 40 mm,厚度为(3 ± 1)mm。经过养护后,用适当的胶粘剂(如环氧树脂)按十字搭接方式在胶粘剂上黏结砂浆底板。

(4)与 EPS 板黏结。将 EPS 板切割成尺寸为 100 mm × 100 mm × 50 mm,在 EPS 板一个表面涂胶粘剂,厚度为(3 ± 1)mm。经过养护后,两面用适当的胶粘剂(如环氧树脂)黏结尺寸为 100 mm × 100 mm 的钢底板。

(二)试样数量

与水泥砂浆黏结的试样 5 个,与 EPS 板黏结的试样 5 个。

(三)试验步骤

(1)试样应在两种试样状态下进行:①干燥状态;②水中浸泡 48 h,取出后 2 h。

(2)将试样安装于拉力试验机上,拉伸速度为 5 mm/min,拉伸至破坏,记录破坏时的拉力及破坏部位。

(四)试验结果

试验结果以 5 个试验数据的算术平均值表示。

三、可操作时间

胶浆搅拌后,在试验环境中按薄抹灰外墙外保温系统制造商提供的可操作时间(没有规定时按 4 h)放置,然后按上述原强度测试的规定进行,试验结果平均黏结强度不低于规定原强度的要求。

第四节　抹面胶浆检测方法

一、拉伸黏结强度

(一)原强度和耐水强度

原强度和耐水强度的试验方法参照第五节胶粘剂的检测方法即可。

(二)耐冻融试验

1. 仪器设备

(1)冷冻箱:最低温度 −30 ℃,控制精度 ±3 ℃。

(2)干燥箱:控制精度 ±3 ℃。

2. 试样

(1)试样尺寸为 100 mm × 100 mm,保温板厚度为 50 mm。

(2)试样数量为 5 件。

(3)保温材料为 EPS 保温板时,将抹面材料抹在 EPS 板一个表面上,厚度为(3 ± 1)mm。经过养护后,两面用适当的胶粘剂(如环氧树脂)黏结尺寸为 100 mm × 100 mm 的钢底板。

(4)保温材料为胶粉 EPS 颗粒保温浆料板时,将抗裂砂浆抹在胶粉 EPS 保温浆料板一个表面上,厚度为(3 ± 1)mm。经过养护后,两面用适当的胶粘剂(如环氧树脂)黏结尺寸为 100 mm × 100 mm 的钢底板。

3. 试验步骤

(1)试样放在(50 ± 3)℃的干燥箱中 16 h,然后浸入(20 ± 3)℃的水中 8 h,试样抹面胶浆面向下,水面应至少高出试样表面 20 mm。

(2)在置于(−20±3)℃冷冻24 h为一个循环。每一个循环观察一次,试样经过10个循环,试验结束。

(3)试验结束后,两面用适当的胶粘剂(如环氧树脂)黏结尺寸为100 mm×100 mm的钢底板。

(4)将试样安装于拉力试验机上,拉伸速度为5 mm/min,拉伸至破坏,记录破坏时的拉力和破坏部位。

4. 试验结果

试验结果以5个试验数据的算术平均值表示。

二、柔韧性

柔韧性试验包括两项,即水泥基的抗压强度与抗折强度比和非水泥基的抗裂应变。

(一)抗压强度与抗折强度比(压折比)

1. 试样制备

抗压强度、抗折强度的测定应按《水泥胶砂强度检验方法》(GB/T 17671—1999)的规定进行,试样龄期28 d,应按产品说明书的规定制备。

2. 试验结果

抗压强度与抗折强度比按式(13-26)计算,精确至1%:

$$T = \frac{R_c}{R_f} \tag{13-26}$$

式中 T——抗压强度与抗折强度比;

R_c——抗压强度,MPa;

R_f——抗折强度,MPa。

(二)开裂应变

1. 仪器设备

(1)应变仪:长度为100 mm,精度为0、1级。

(2)小型拉力试验机。

2. 试样

(1)试样数量:纬向、径向各6条。

(2)抹面胶浆按产品说明配制搅拌均匀后,待用。

(3)将抹面胶浆满抹在600 mm×100 mm的膨胀聚苯板上,贴上标准网布,网布两端应伸出抹面胶浆100 mm,再刮抹面胶浆至3 mm厚,网布伸出部分反包在抹面胶浆表面,试验时把两条试条对称地互相粘贴在一起,网格布反包的一面向外,用环氧树脂粘贴在拉力机的金属夹板之间。

(4)将试样放置在室温条件下养护28 d,将聚苯板剥掉,待用。

3. 试验步骤

(1)将两个对称粘贴的试条安装在试验机的夹具上,应变仪安装在试样中部,两端距金属夹板尖端至少75 mm,见图13-16。

(2)加荷速度为0.5 mm/min,加荷至50%预期裂纹拉力,之后卸载。如此反复进行10次,加荷和卸荷持续时间为(1~2)min。

(3)如果在10次加荷过程中试样没有破坏,则第11次加荷直至试条出现裂纹并最终断裂。在应变值分别达到0.3%、0.5%、0.8%、1.5%和2.0%时停顿,观察试样表面是否开裂,并记录裂缝状态。

4.试验结果

(1)观察试样表面裂缝的数量,并测量和记录裂纹的数量和宽度,记录试样出现第一条裂缝时的应变值(开裂应变)。

(2)试验结束后,测量和记录试样的宽度与厚度。

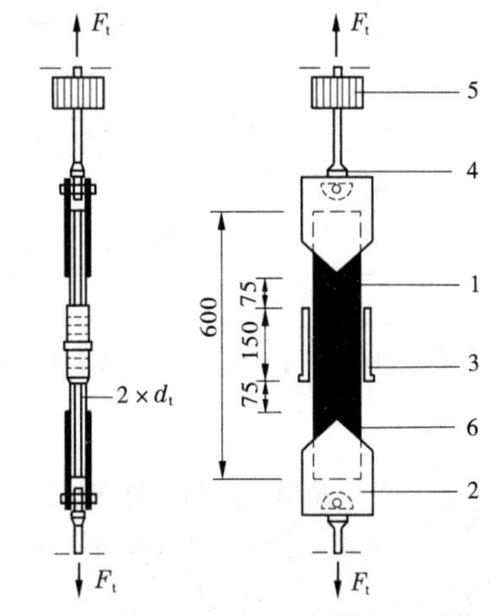

1—对称安装的试样;2—用于传递拉力的钢板;
3—电子应变计;4—用于传递拉力的万向节;
5—10 kg测力元件;6—黏结防护层与钢板的环氧树脂

图13-16　抹面胶浆防护层拉伸试验装置(单位:mm)

三、可操作时间

胶浆搅拌后,在试验环境中按薄抹灰外墙外保温系统制造商提供的可操作时间(没有规定时按4 h)放置,然后按上述原强度测试的规定进行,试验结果平均黏结强度不低于规定原强度的要求。

第五节　耐碱网格布检测方法

一、单位面积质量

(一)仪器设备

(1)天平:织物(≥200 g/m²),测量范围0~150 g,最小分度值1 mg;织物(<200 g/m²),测量范围0~150 g,最小分度值0.1 mg。

(2)通风干燥箱:空气置换率为每小时20~50次,温度能控制在(105±3)℃范围内。

(3)干燥器:内装合适的干燥剂(如硅胶、氧化钙或五氧化二磷)。

(二)试样制备

1.试样数量

除非供需双方另有商定,每卷或实验室织物样本的试验数为:每50 cm宽度1个100 cm² 的试样,最少应取2个试样。

2.试样裁取方法

裁取试样的推荐方法见图13-17、图13-18。试样应分开取,最好包括不同的纬纱,应离开织边至少5 cm。对于幅宽小于25 cm的机织物,试样的形状和尺寸由供需双方商定。

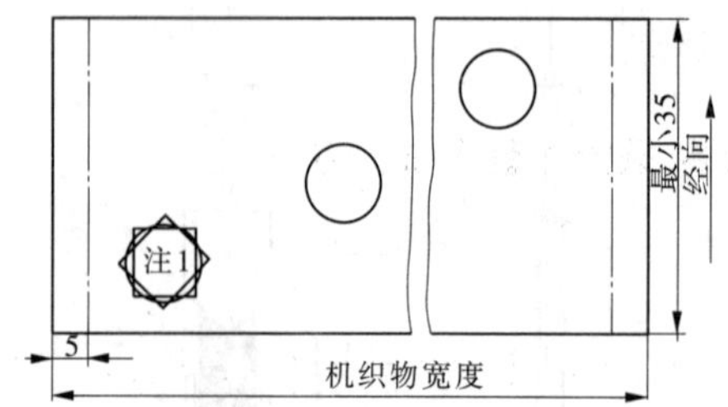

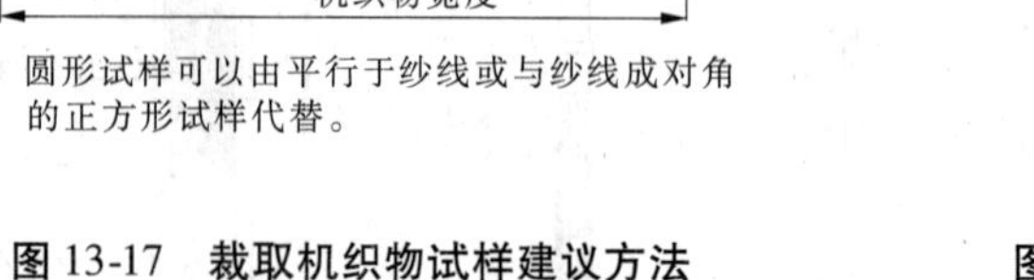

图 13-17　裁取机织物试样建议方法

（宽度大于 50 cm 的织物）

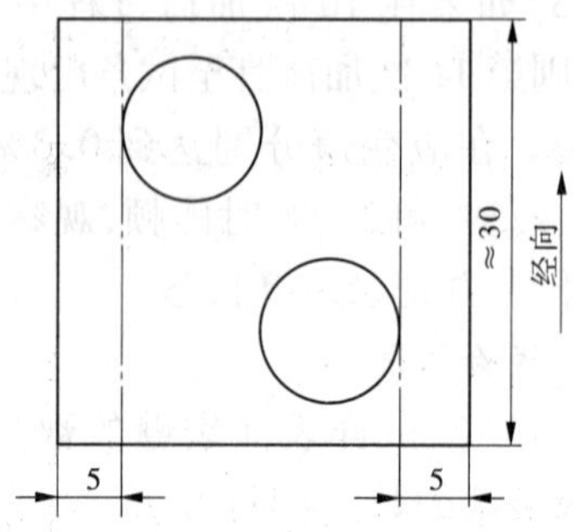

图 13-18　裁取机织物试样建议方法

（宽度为 20～50 cm 的织物）

（三）调湿和试验环境

除非产品规范或测试委托人另有要求，试样不需要调湿。如果需要调湿，建议在温度(23±2)℃、相对湿度(50±10)%环境下进行。

（四）试验步骤

(1)通过织物的整个幅宽，切取一条至少 35 cm 宽的试样。

(2)在一个清洁的工作台面上，切取规定的试样数。

(3)若织物含水率超过 0.2%（或含水率未知），应将试样置于(105±3)℃的干燥箱中干燥 1 h，然后放入干燥器中冷却至室温。

(4)从干燥器中取出，立即称取每个试样的质量，并记录结果。

（五）结果表示

(1)试样的单位面积质量按式(13-27)计算：

$$\rho_A = \frac{m_S}{A} \div 10^4 \qquad (13\text{-}27)$$

式中　ρ_A ——试样单位面积质量，g/m^2；

m_A ——试样质量，g；

A ——试样面积，m^2。

(2)单位面积质量结果为织物整个幅宽上所取试样的测试结果的平均值。

对于单位面积质量不小于 200 g/m^2 的织物，结果精确至 1 g；对于单位面积质量小于 200 g/m^2 的织物，结果精确至 0.1 g。

（六）试验报告

试验报告包括以下内容：

(1)依据标准。

(2)织物的必要说明。

(3)织物的单位面积质量，如果有要求，也可报告每个测试单值。

(4)标准未规定的任何操作细节和可能已影响测试结果的任何情况。

二、耐碱断裂强力及耐碱断裂强力保留率

(一)耐碱网布——耐碱断裂强力及耐碱断裂强力保留率试验方法

1. 仪器设备

1)一对合适的夹具

夹具的宽度应大于拆边试样的宽度,如大于 50 mm 或 25 mm。夹具的夹持面应平整且相互平行。在整个试样的夹持宽度上均匀施加压力,并应防止试样在夹具内打滑或有任何损坏。上下夹具的起始距离(试样的有效长度)应为(200 ± 2)mm。

2)拉伸试验机

规定使用等速伸长(CRE)试验机,拉伸速度应满足(100 ± 5)mm/min 和(50 ± 3)mm/min。

3)指示或记录试样强力值的装置

该装置在规定的试验速度下,应无惯性,在规定的试验条件下示值的最大误差不超过 1%。

4)试样伸长值的指示或记录装置

该装置在规定的试验速度下,应无惯性,其精度小于测定值的 1%。

5)模板

用于裁取试样尺寸为 350 mm × 370 mm(类型Ⅰ试样)。模板应有两个槽口用做标记试样的有效长度。

2. 取样

除非产品规范或供需双方另有规定,去除可能有损伤的布卷最外层(去掉至少 1 m),裁取约 1 m 的实验室样本。

3. 试样

1)尺寸

试样长度应为 350 mm,试样的有效长度为(200 ± 2)mm。除开边纱的试样宽度为 50 mm。

2)制备

为了防止试样在试验机夹具处损坏,可在试样的端部作专门处理。

4. 试验步骤

1)测定初始断裂强力

(1)调整上下夹具,使试样在夹具间的有效长度为(200 ± 2)mm。

(2)启动活动夹具,拉伸试样至破坏。

(3)记录最终断裂强力。

(4)如果有试样断裂在两个夹具中任一夹具的接触线 10 mm 以内,则记录该现象,但结果不作断裂强力的计算,并用新试样重新试验。

(5)断裂强力结果表示,计算径向和纬向断裂强力的算术平均值,分别作为织物的径向和纬向断裂强力测定值,保留小数点后两位。

2)测定耐碱断裂强力

(1)将耐碱试验用的试样全部浸入(23 ± 2)℃的 5% NaOH 水溶液中,试样在加盖密封

的容器中浸泡 28 d。

(2)取出试样,用自来水浸泡 5 min 后,用流动的自来水漂洗 5 min,然后在(60 ±5)℃的烘箱中烘 1 h,在试验环境中存放 24 h。

(3)测试每个试样的耐碱断裂强力并记录。

3)试验结果

(1)耐碱断裂强力为 5 个试验结果的算术平均值,精确至 1 N/50 mm。

(2)耐碱断裂强力保留率按式(13-28)计算:

$$B = \frac{F_1}{F_0} \times 100\% \tag{13-28}$$

式中 B ——耐碱断裂强力保留率(%);

F_1 ——耐碱断裂强力,N;

F_0 ——初始断裂强力,N。

耐碱断裂强力保留率以 5 个试验结果的算术平均值表示,精确至 0.1%。

(二)玻纤网——耐碱拉伸断裂强力试验方法

1. 试样制备

1)试样尺寸

试样长度为 300 mm,试样宽度为 50 mm。

2)试样数量

纬向、经向各 20 片。

2. 试验步骤

1)标准方法

(1)对 10 片纬向试样和 10 片经向试样测定初始断裂强力。

(2)将其余试样,即 10 片纬向试样和 10 片经向试样,放入(23 ±2)℃、浓度为 5% NaOH 水溶液中浸泡。

(3)浸泡 28 d 后,取出试样,放入水中漂洗 5 min,接着用流动水冲洗 5 min,然后在(60 ±5)℃的烘箱中烘 1 h,在(10 ~25)℃环境条件下放置至少 24 h。

(4)测试每个试样的耐碱拉伸断裂强力,并计算耐碱拉伸断裂强力保留率。

(5)拉伸试验机夹具应夹住试样整个宽度,卡头间距为 200 mm,加载速度为(100 ±5) mm/min。

(6)拉伸至断裂并记录断裂时的拉力。试样在卡头中有移动和在卡头处断裂时,其试验值应被剔除。

2)快速方法

(1)应用快速方法时,使用混合碱溶液(pH 值为 12.5)配比如下:0.88 g NaOH,3.45 g KOH,0.48 g $Ca(OH)_2$,1 L 蒸馏水。

(2)80 ℃下浸泡 6 h。

(3)其他步骤同上述的标准方法。

3. 耐碱断裂强力保留率计算

耐碱断裂强力保留率按式(13-29)计算:

$$B = \frac{F_1}{F_0} \times 100\% \tag{13-29}$$

式中 B——耐碱拉伸断裂强力保留率(%);

F_1——耐碱拉伸断裂强力,N;

F_0——初始拉伸断裂强力,N。

耐碱断裂强力保留率试验结果分别以 5 个试样测定值的算术平均值表示。

第六节 界面砂浆检测方法

一、概念

界面砂浆是指由高分子聚合物乳液与助剂配制成的界面剂与水泥和中砂按一定比例拌和均匀制成的砂浆。

二、压剪黏结强度

(一)标准试验条件

环境温度(23 ±2)℃,相对湿度(50 ±5)%,试验区的循环风速小于 0.2 m/s。

(二)试样制备

在 G 型砖(108 mm × 108 mm 无釉陶瓷砖,吸水率 3% ~6%)正面涂够均匀的界面砂浆,往涂层上放置 3 根金属垫丝,并使其插入约 20 mm,然后将另一 G 型砖正面与已涂砂浆 G 型砖错开 10 mm,并相互平行粘贴压实,使粘贴面积约 106 cm^2,界面砂浆厚度为 1.5 mm,小心抽出垫丝,见图 13-19。

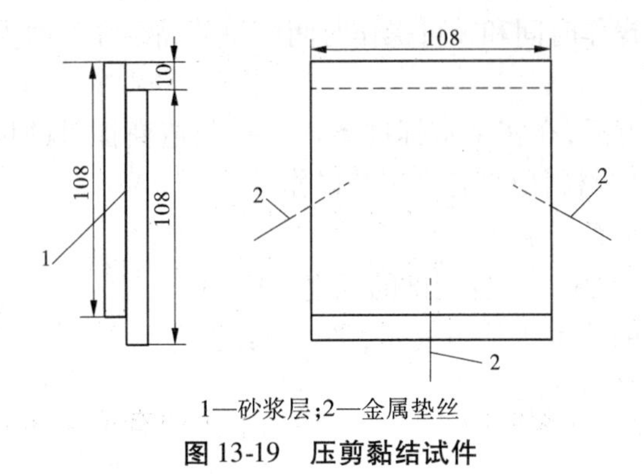

1—砂浆层;2—金属垫丝

图 13-19 压剪黏结试件

(三)养护条件

(1)原强度:在实验室标准条件下养护 14 d。

(2)耐水:在实验室标准条件下养护 14 d,然后在标准实验室温度水中浸泡 7 d,取出,擦干表面水分,进行测定。

(3)耐冻融:在实验室标准条件下养护 14 d,然后按《普通混凝土长期性能和耐久性能试验方法标准》(GB/T 50082—2009)进行抗冻性能试验,循环 10 次。

（四）试验和计算

养护完毕后，用压剪夹具将试样在试验机上进行强度测定，加载速度为 20 ~ 25 mm/min，每对试件压剪强度按式（13-30）计算，精确至 0.01 MPa：

$$\tau_{压} = \frac{P}{M} \tag{13-30}$$

式中 $\tau_{压}$——压剪黏结强度，MPa；

P——破坏荷载，N；

M——黏结面积，mm^2。

试验结果以算术平均值表示。

第七节 抗裂砂浆检测方法

抗裂砂浆是指在聚合物乳液中掺加多种外加剂和抗裂物质制得的抗裂剂与普通硅酸盐水泥、中砂按一定的比例拌和均匀制成的具有一定柔韧性的砂浆。

标准实验室环境为空气温度（23 ±2）℃、相对湿度（50 ±10）%。在非标准实验室环境下试验时，应记录温度和相对湿度。

一、可使用时间

（一）标准抗裂砂浆制备

按厂家产品说明书中规定的比例和方法配制的抗裂砂浆即为标准抗裂砂浆。抗裂砂浆的性能均应采用标准抗裂砂浆进行测试。

（二）可使用时间

可使用时间包括可操作时间和在可操作时间内拉伸黏结强度两项。

1. 可操作时间

标准抗裂砂浆配制好后，在实验室标准条件下按制造商提供的可操作时间（若没有规定，则按 1.5 h）放置，此时材料应具有良好的操作性。

2. 可操作时间内拉伸黏结强度

放置时间到后，按拉伸黏结强度测试的规定进行，试验结果以 5 个试验数据的算术平均值表示，平均黏结强度不低于规定的拉伸黏结强度的要求。

二、拉伸黏结强度

（一）试块制备

将硬聚氯乙烯或金属型框置于 70 mm ×70 mm ×20 mm 砂浆块上，将标准抗裂砂浆填满型框（面积 40 mm × 40 mm，见图 13-20），然后用刮刀平整表面，立即除去型框。注意成型时用刮刀压实。

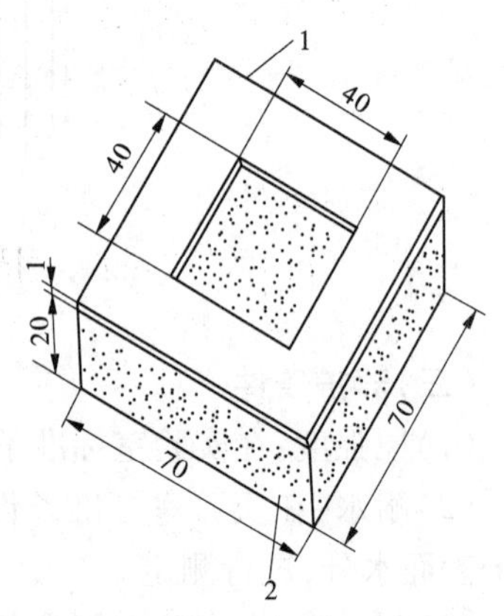

1—型框（内部尺寸 40 mm ×40 mm；
2—砂浆块（70 mm ×70 mm ×20 mm）

图 13-20 硬聚氯乙烯或金属型框

（二）试块数量

成型 10 个试件，5 个试件测定拉伸黏结强度，5 个试件测定浸水拉伸黏结强度。

(三)试块养护

试块用聚乙烯薄膜覆盖,在实验室温度条件下养护 7 d,取出在实验室标准条件下继续养护 20 d。用双组分环氧树脂或其他高强度胶粘剂黏结钢质上夹具(见图 13-21、图 13-22),放置 24 h。

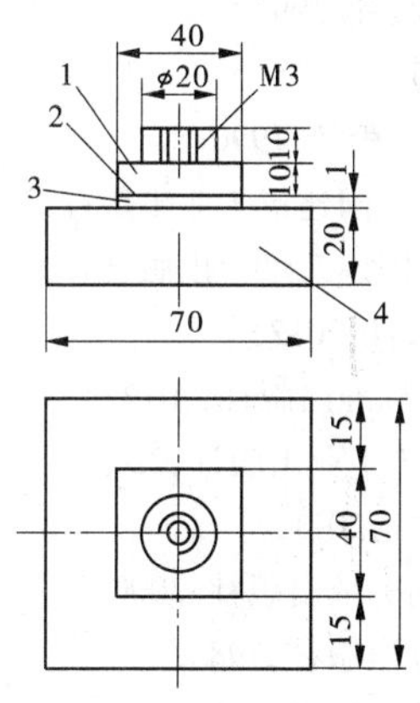

1—抗拉用钢质上夹具;2—胶粘剂;
3—抗裂砂浆;4—砂浆块

图 13-21 抗拉用钢质上夹具

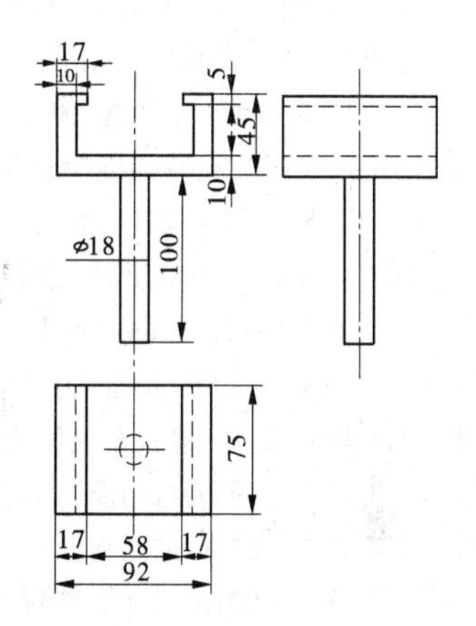

图 13-22 抗拉用钢质下夹具

(四)试验步骤

(1)其中 5 个试件测定抗拉强度。在拉力试验机上,沿试件表面垂直方向以 5 mm/min 的拉力速度测定最大抗拉强度,即黏结强度。

(2)另外 5 个试件,测浸水 7 d 的抗拉强度,即为拉伸黏结强度。

三、压折比

(一)抗压强度、抗折强度测定

抗压强度、抗折强度测定按《水泥胶砂强度检验方法》(GB/T 17671—1999)的规定进行。

(二)养护条件

采用标准抗裂砂浆成型,用聚乙烯薄膜覆盖,在实验室标准条件下养护 2 d 后脱模,继续用聚乙烯薄膜覆盖养护 5 d,去掉覆盖物,在实验室温度条件下养护 21 d。

(三)结果计算

压折比按式(13-31)计算:

$$T = \frac{R_c}{R_f} \tag{13-31}$$

式中 T——压折比;

R_c——抗压强度,MPa;

R_f——抗折强度,MPa。

参 考 文 献

[1] 中国建筑工业出版社.现代建筑材料规范大全[M].北京:中国建筑工业出版社,1995.
[2] 纪干生,等.常用建筑材料试验手册[M].北京:中国建筑工业出版社,1986.
[3] 龚洛书.建筑工程材料手册[M].北京:中国建筑工业出版社,1997.
[4] 李业兰.建筑材料[M].北京:中国建筑工业出版社,1995.
[5] 康学政,林世曾,李金海.测量误差[M].北京:中国计量出版社,1990.
[6] JGJ/T 55—2011 普通混凝土配合比设计规程[S].北京:中国建筑工业出版社,2011.
[7] JGJ/T 98—2010 砌筑砂浆配合比设计规程[S].北京:中国建筑工业出版社,2011.
[8] GB/T 14684 ~ —2011 建筑用砂[S].北京:中国标准出版社,2012.
[9] GB/T14685—2011《建设用卵石、碎石》[S].北京:中国标准出版社,2012.
[10] GB 50207—2002 屋面工程技术规范[S].北京:中国建筑工业出版社,2002.
[11] GB 494—2010 建筑石油沥青[S].北京:中国标准出版社,2011.
[12] GB 4507—1999 石油沥青软化点测定法[S].北京:中国标准出版社,2000.
[13] GB 4508—84 石油沥青延度测定法[S].北京:中国标准出版社,1984.
[14] GB 4509—2010 石油沥青针入度测定法[S].北京:中国标准出版社,2011.
[15] GB 267—88 石油产品闪点与燃点测定法[S].北京:中国标准出版社,1989.
[16] GB 11148—2008 石油沥青溶解度测定法[S].北京:中国标准出版社,2008.
[17] GB 5101—2003 烧结普通砖[S].北京:中国标准出版社,2004.
[18] GB 11964—2008 石油沥青蒸发损失测定法[S].北京:中国标准出版社,2008.
[19] GB 50123—1999 土工试验方法标准[S].北京:中国计划出版社,1999.
[20] SL 237—1999 土工试验规程[S].北京:中国电力出版社,1999.
[21] GB/T 4100—2006 陶瓷砖[S].北京:中国建材工业出版社,2006.
[22] 鞍钢钢铁研究所,沈阳钢铁研究所.实用冶金分析—方法基础[M].沈阳:辽宁科学技术出版社,1990.
[23] JGJ/T 70—2009 建筑砂浆基本性能试验方法标准[S].北京:中国建筑工业出版社,2009.
[24] GB/T 9195—2011 建筑卫生陶瓷分类及术语[S].北京:中国标准出版社,2012.
[25] JC/T 456—2005 陶瓷马赛克[S].北京:中国建材工业出版社,2005.